愛蔵版

ジュニア空想科学読本②

柳田理科雄・著
藤嶋マル・絵

汐文社

マンガやアニメはすごい。科学で考えると、もっとすごい！

マンガやアニメや特撮ドラマの世界は、本当におもしろい。大きなモンスターが小さなボールに入ったり、刀を口にくわえて戦ったり、ジンベエザメを一本釣りにしたり。現実の世界では考えられないことが、当たり前のように起こる。

そういったマンガやアニメで描かれる空想の世界が、僕は子どもの頃から大好きだった。だから、真剣に考えた。そんなことができるのか？　もし本当にやったらどうなるのか？　――でも、いくら考えても、よくわからなかった。

それらの答えが少しずつ見つかるようになったのは、本を読んだり、学校で勉強したりするようになってからだ。地球の大きさ、生き物の体の仕組み、速さやエネルギーの求め方、光の性質、原子の世界、宇宙の広さ。そうした科学の知識や方法を吸収するたびに、マンガやアニメの世界の謎が、ひとりでに解れていった。まるで、新しい武器が手に入るような感じだった。

第一印象で「すごい」と感じたことは、科学で考えると、もっとすごい。感覚的に受け止めるだけでは見えなかったことが、科学の目には見える。これが楽しくて、空想の世界を科学で考えることに熱中し、気がつけば職業にしていた。空想と科学の両方に出会えて、僕は幸せだ。

だから、前作『ジュニア空想科学読本①』が好評だったと聞いて、僕は本当に嬉しかったし、2冊目を作れることになったときには、躍って喜んだ。前作に負けない本を作ろうと思った。

前作『ジュニア空想科学読本①』は、僕が1996年から書き続けている『空想科学読本』シリーズから33本の原稿を選び、小中学生向けに書き直したものだ。2冊目の本書も同じ姿勢で作ったが、収録する原稿のラインナップは大きく広げた。その結果、話題のマンガやアニメはもちろん、昔話やゲームやキャラクターまで扱った、バラエティ豊かな本になったと思う。また、70年代などの古い作品を扱った原稿も意外と多くなったが、若い読者にも充分に楽しんでもらえるだろう。それらの作品には、時代を超えた力があるからだ。

本書は、タイトルに「ジュニア」とつけているが、僕は決して子ども向けの本にしたつもりはない。ここにお届けするのは、目の前の疑問に正面から向き合い、科学の力で答を探し求める本。そして、それが楽しいことを伝える本。主に高校生以上の読者を想定して書いている『空想科学読本』に比べると、僕がよく文章に織り込む「脇道に逸れる」傾向を抑えたりしているものの、疑問に対する科学的なアプローチの仕方は、むしろ骨太なものにしているつもりだ。「科学の本」という意味では、この『ジュニア』シリーズのほうが完成度は高いかもしれないなあ、と思う。

本書によって、科学や理科を好きな人が一人でも増えてくれたら、僕はとても嬉しい。

愛蔵版

ジュニア空想科学読本②

目次

とっても気になるアニメの疑問

小さなモンスターボールに、ポケモンが入れるのはなぜですか？

アニメ版の『ポケットモンスター』には、こんな場面がよく出てくる。

主人公のサトシが「☆☆☆（ポケモンの名前）、お前に決めた！」などと叫んでモンスターボールを投げると、ポケモンが光と共に飛び出す。また「戻れ、☆☆☆！」と叫び、モンスターボールが放つ光を当てると、ポケモンはボールの中に戻る。

『ポケモン』の世界ではおなじみの光景だ。しかしこれ、科学的にはとっても不思議である。

モンスターボールは、普段は直径４㎝ほどでピンポン玉くらい、真ん中のボタンを押すとググッと大きくなるが、それでも10㎝弱でソフトボールくらいなのだ。これに比べると、ポケモンた

ちはずっと大きい。なかには、大きさが数mのものや、体重が数百kgのものもいる。
なぜこんなに大きな生物が、あれほど小さなボールに入れるのだろうか？

◆「質量保存の法則」という壁

モンスターボールの不思議な収納力について調べると、『ポケットモンスター図鑑』（アスペクト）に、次のような説明があった。

1925年、タマムシ大学のニシノモリ教授は、オコリザルの研究中に、薬の量を間違え、オコリザルを弱らせてしまう。すると驚くべきことに、オコリザルは体が小さくなり、教授の眼鏡ケースに入ってしまった。この事件から、ポケモンは弱ると体を小さくして、狭いところに隠れる習性があることがわかった。これをきっかけに、モンスターボールの開発が始まった……。

な〜るほど、ことの起こりはオコリザルだったのか。ポケモン図鑑によれば、いつも怒っているオコリザルは「たかさ1・0m、おもさ32・0kg」。これが眼鏡ケースに入ったということは、体の大きさが30分の1ほどに小さくなったと考えられる。この怪奇な現象を初めて目にしたニシノモリ教授は、心底びっくりしただろうなあ。

これを科学的に考えると、どうなのか。

南米に生息するアベコベガエルは、オタマジャクシのときには体長が20〜25㎝ほどもあるのに、変態してカエルになったときの大きさは5〜7㎝ほどだという。成長して体が3分の1から5分の1にも小さくなるわけで、非常に珍しい動物だ。現地では、アベコベガエルのオタマジャクシを食用にするが、オタマジャクシのうちに食べないと、実にもったいないわけである。

それでもポケモンの30分の1という縮小率には及ばない。何より、アベコベガエルは変態という成長の一段階で小さくなるだけで、その後また大きくなるわけでもない。何度でも大きくなったり小さくなったりするポケモンとは根本的に違うようだ。

生物に限らなければ、大きさが変化する物質は、決して珍しくない。たとえば、水は凍って氷になると、体積が9％増える。ドライアイスに至っては、気化して二酸化炭素になると、体積は600倍に増大する。

ただしこれらも、体積は増えたり減ったりするが、重さは変わらない。すべての物質は「原子」という小さな粒子でできている。この原子同士がくっついたり、離れたり、並び方が変わったりすることで、物質はさまざまな変化をするが、変化の前と後で、原子の総量は変わらないから、重さは変わらないのだ。これを「質量保存の法則」という。

この法則に沿って考えれば、ポケモンがどれほど小さく変化しても、体重は変わらないはずである。たとえば、たいりくポケモンのグラードンの重さは９５０・０kgだ。乗用車ほどもあるわけだが、質量保存の法則によれば、ピンポン玉サイズになっても、９５０kgの重さがあることになる。そんなモンスターボールを持ち歩くのは、モノスゴ〜ク大変なのでは!?

◆サトシの命が危ない！

しかし、サトシたちが「モンスターボールが重いよ〜」などと、苦しんでいた様子はない。この劇中の事実から考えれば、ポケモンたちはモンスターボールに入ると、体が小さくなると同時に、体重も軽くなるのではないだろうか。

グラードンの場合、元の身長は３・５m。それが、ピンポン玉より小さくなるということは、せいぜい３㎝ほどだろう。大きさに対する体重の割合が同じだとしたら、このサイズのグラードンは、重さ０・６g。１円玉が１gだから、それより軽い。

この結果、持ち運びにはとっても便利になるが、もともと９５０kgだったグラードンが０・６gになったのだから、グラードンの体を作っていた９４９・９９９４kgの物質がどこかへ行ったことになる。いったい、どこへ消えたのか？

ひょっとして、固体のドライアイスが気体の二酸化炭素になるように、ポケモンの体を構成し

ていた物質が、気体になるのだろうか。だとすれば、質量保存の法則に反することはない。体を作っていた物質は、空気中に散らばっただけで、消えたわけではないからだ。

だがその場合、トレーナーたちが危険な目に遭うかもしれない。

ポケモンも生物である以上、体の大部分はタンパク質でできているはずだ。タンパク質とは、生物の体を作る物質で、炭素、水素、酸素、窒素、硫黄が含まれる。これが気体になると、アンモニア、二酸化窒素、硫化水素、亜硫酸ガスなど、そうそうたる顔ぶれの有毒ガスが発生する危険がある。トレーナーが「戻れ、グラードン！」と叫ぶと、その体を作っていたタンパク質が一瞬で気体になり、周囲には有毒ガスが立ち込め、トレーナーはガス中毒で倒れてしまうかも……。

う〜む、ポケモンバトルはトレーナーにとっても、命がけの勝負だったのか。

◆元の大きさに戻る不思議

しかもポケモンたちは小さくなるだけではない。トレーナーに呼ばれたら、モンスターボールから飛び出し、元の大きさに戻って戦わねばならないのだ。

グラードンの場合、モンスターボールの中では０・６ｇだったのに、一瞬で９５０kgに巨大化する必要がある。すると今度は逆に「９４９・９９９４kgもの物質をいったいどこから持ってくるのか」という問題が発生する。うむむ、いちいち世話が焼けるなあ。

ここでも、質量保存の法則に従うなら、周囲の物質を瞬間的に取り込んでいると考えるしかないだろう。タンパク質を作る炭素や水素などはすべて空気中にある。モンスターボールには、これらを取り込んでタンパク質に変え、ポケモンの肉体を作る仕組みが備わっているのでは？

とはいえ、これを実際にやるのは大変だ。集めるのが最も大変なのは、生物の体の20％を占める一方で、空気中に０・０１７％しか含まれていない炭素だろう。グラードンの体を作る１９０kgの炭素を収集するには、１１４５・５６ｔもの空気を集める必要がある。そのうち吸収するのは合計９５０kgだから、いらない１１４４・６１ｔは排出しなければならない。捨てる空気は体積にして95万㎥。学校の体育館95杯分ほど！

この大量の空気を、直径10㎝弱のモンスターボールが、しゅごご〜っと吸収&排出したら、空気はものすごい速度で動く。ポケモンの出現は一瞬で起こるから、吸収と排出を1秒で行うとすると、吹き出す風はマッハ35万！

この猛風は直撃した地面をクレーターのようにえぐり、周囲に吹き広がるだろう。森の木々は次々になぎ倒され、サトシ、ピカチュウ、相手のトレーナー、ポケモンなど関係者一同は超音速の風に吹き飛ばされ、ポケモンバトルなんぞ、どこへやら。呼び出されたグラードンも、風の吹き出す力でモンスターボールごと持ち上げられ、ほぼ光速で宇宙の彼方へカッ飛んでいく。あとに残るはクレーターばかり。そこで何が行われたか、語り継ぐ者はいない……。

大きなポケモンが、小さなモンスターボールに入り、呼ばれると出てくる。アニメで見ていると、たったそれだけの出来事だが、本当に大変なことが行われているのだ。それを平然とやっているポケモンたちは、すごい生物である。

とっても気になるマンガの疑問

ケロロ軍曹の地球侵略は、いつか成功するのでしょうか？

ある日突然、不思議なヒトが自分の家にやってきて、家族同然に暮らし始める。こういう形で幕を開ける空想科学の物語はたくさんある。『ドラえもん』とか『金色のガッシュ!!』とか『鶴の恩返し』とか。『名探偵コナン』も、毛利蘭ちゃんにとっては、そういう話かも。

『ケロロ軍曹』も同じ始まり方をするお話なのだが、ちょっと違うのは、やってきたのが侵略者だということ。日向家に暮らすケロロ軍曹は、カエルに似ているけれど、宇宙人。ガマ星雲第58番惑星ケロン星から「地球侵略」という任務を帯びてやってきた特殊部隊の隊長なのである。

この侵略軍に対し、日向家の人々はまことに余裕をもって接していた。ケロロに部屋を与え、留守を任せて外出し、家事をやらせて小遣いまであげる。おいおい、地球の危機の水際に立つものとして、あまりに油断しすぎではないか。

しかし、ケロロの地球侵略は遅々として進まない。周りに流されやすい性格とか、軍隊の規律がなっていないとか、ガンダムのプラモデルに目がないとか、原因はさまざまに考えられるが、本稿では科学的な視点から、ケロロ軍曹の地球侵略作戦が成功する可能性を探ってみよう。

◆いきなりだんごは危険であります！

他の星を侵略する場合、何よりも重要なのは「侵略しようとする星が自分たちの生態に合っているかどうか」である。海外の生き物を日本に連れてくると、環境の変化に対応できず、死んでしまうことがある。地球のなかでさえそうなのだから、異星人ともなればなおさらだ。気温や大気の成分といった環境条件が自分たちに合わなければ、そもそも侵略する意味さえない。

地球の大気は、窒素78％、酸素21％、アルゴン、二酸化炭素、その他の気体がごく微量。また、日向家があると思われる東京の平均気温は16・3℃、年間降水量は1529㎜である。

この環境に対して、ケロン人たちが困っていた様子はない。宇宙服などを用いていた様子もないから、日本の気候にバッチリ適応できたのだろう。

そのポイントは、ケロン人が地球のカエルによく似ていた点にあるようだ。ゲロゲロ鳴くし、手に水かきがあるし、お尻は尖っている。いちばん若いタママは、オタマジャクシそっくりだ。

地球のカエルは、皮膚が薄く水を通しやすい。水分も口からではなく皮膚から吸収する。そのため乾燥に弱く、湿気が多いと元気になる。ケロン人は、こういった皮膚の構造もカエルと似ているようで、海辺で日光浴をしたときには体が干からびていたし、梅雨になるとパワーアップしていた。

だが、ここまでカエルに似ていると、逆に心配な点もある。

ケロロの好物は、熊本名物いきなりだんご。サツマイモと小豆あんを、小麦粉の生地でくるんで蒸したお菓子である。宇宙にまでその名を轟かすほど美味なのは結構だが、問題はいきなりだんごがサツマイモ、小豆、小麦粉など、植物を原料とすることだ。

草食動物は、肉食動物に比べて腸が長い。肉しか食べないライオンの小腸は1・6m、雑食(肉も草も食べる)の人間の小腸は6m、草しか食べないヒツジの小腸は30mにもなる。これは、動物の肉に比べて、植物が消化しにくいからだ。

カエルの場合、オタマジャクシの頃は雑食だが、カエルになると完全に肉食になる。オタマジャクシの腹には渦巻き模様があるが、あれは腸が浮き出たもので、カエルになるにつれてだんだん短くなる。すると、腸の短くなったカエルがサツマイモや小麦粉を食べると、消化不良で下痢を起こすのでは!?

しかし、劇中のケロロは一向に平気そうである。それどころか白米やみかんや年越し蕎麦さえ食べていた。う〜ん。おそらくケロン人は、短くても植物を消化できるほど消化力の高い腸を持っているということだろうなあ。

そうなるともう、どんなものでも食べて生きていけるに違いない。よその星の食物がなんでも食べられるというのは、侵略者にとってはきわめて有利な体質である。

◆いきなりだんごが宇宙を滅ぼす!?

だが、侵略となると、戦闘する場面もあるだろう。この点、ケロン人はどうなのか。

ケロロ小隊のメンバーは、ケロロもタママもギロロもクルルもドロロも、そろって身長55・5cm、体重5・555kgだという。この体格は、人間でいえば生後2〜3ヵ月くらいの乳児のものだ。こんなに小さな体では、人間と格闘しても、まず勝てない。特に相手が軍人だった場合は、瞬く間に倒されてしまうだろう。

体格の不利は、武器で補うしかないが、その点は優秀である。彼らの持つ装備は、非常にハイテクなものばかりだからだ。

例えば、ケロロが持っていたケロボールは、通信機として使えるばかりか、電撃を放ち、反重力を発生させ、物体を瞬間的に移動させる「空間転送機能」もついている。

そのうえ、若返りを可能にする「夢成長促進銃」、大人になれる「新・夢成長促進銃」なども持つ。さらに、空は飛べるし、姿は消せるし、自分自身が瞬間移動できるし、星さえも作れる。ケロン星の科学力があれば、どんなことでもできそうだ。

筆者が何より驚いたのは、若き日のクルルが作ったという「無限増殖銃」である。その光線をいきなりだんごに浴びせたところ、1つのいきなりだんごが2つに、2つのいきなりだんごが4つに……と、どんどん増えていき、止まらなくなった。ついには家を破壊してあふれ出す。このままでは、星を埋め尽くすと恐れたクルルは、間一髪でロケットに積んで宇宙に送り出したが、いまも宇宙のどこかで、いきなりだんごは増え続けているという……。

これは、本当に恐ろしい話である。いきなりだんごを直径5㎝の球として、10秒で倍の2個になるとすれば、20秒でその倍の4個、30秒でその倍の8個、40秒で16個、50秒で32個、1分で64個……と、アッという間に増えていく。「倍々で増える」というのは大変なことなのだ。

同じペースで進むと、2分で4096個、3分で26万個。9分で富士山の体積を超え、14分で

地球より大きくなり、23分で冥王星の軌道を上回り、37分で銀河系の大きさに達し、46分で全宇宙いっぱいになる！

――これほどの科学力をもつケロロ小隊。本気になられたら地球はひとたまりもない。にもかかわらず、ケロロの侵略はなぜ一向に進まないのか？

思うに、日向家の居心地がよすぎて、そこで地球征服の夢を仲間と語り合うのが至福の時間だからでしょうなあ。そう考えると、日向家の対応はまことに正しいわけですね。

とっても気になる特撮の疑問

ウルトラマンの活動時間は3分間。それで地球を守れますか？

ウルトラマンの有名な弱点、それは「地球上では3分間しか戦えない」ということだ。劇中のナレーションはこう説明していた。「ウルトラマンを支える太陽エネルギーは、地球上では急激に消耗する。太陽エネルギーが残り少なくなると、カラータイマーが点滅を始める」。ここから考えると、ウルトラマンは太陽エネルギーで活動していて、科学特捜隊のハヤタ隊員がウルトラマンに変身してから3分で、体内のエネルギーがなくなってしまうということだろう。

しかし、3分というのは、あまりにも短くないだろうか。ボクシングの1ラウンド。カップラーメンができるまでの時間。「キユーピー3分クッキング」の時間(現在は10分間の番組だけど)。

この限られた時間で、未知の怪獣や宇宙人を倒すのは、大変なことだろう。

しかも、彼の使命は「地球の平和」を守ることなのだ。地球は周囲4万km、総面積5億km²。まことに広大である。これをたった一人で、しかも3分というわずかな時間で守り抜くことなどできるのだろうか？

◆ウルトラマンの行動半径は？

地球の平和を荒らす怪獣や宇宙人は、いつどこに出現するか予測できない。直ちに現場に駆けつけるには、ウルトラマンは相当の広範囲にわたって活動する必要がある。彼の行動範囲がどの程度か、具体的に算出してみよう。

怪獣図鑑によれば、ウルトラマンはマッハ5で空を飛び、時速450kmで走る。また、200ノットで泳ぐこともできるという。

まず泳ぐ速さの200ノットとは、どれほどのスピードか。ノットとは船や飛行機の速さを表す単位で、1ノットは時速1・85kmに等しい。すると200ノットは時速370km。人間など及びもつかない優れた泳力である。

しかし、与えられた時間はたったの3分。この時間にどれだけ泳げるかというと……ゲゲッ、わずか19km！　東京湾から飛び込んで猛然と泳ぎ始めたウルトラマンは、悲しいことに横浜沖に達しないうちに力尽きてしまう。

　走力はどうだろうか。時速４５０kmは確かに速い。日本最高の時速３２０kmを誇る東北新幹線はやぶさ号にだって勝てる。

　だが、３分間で走れる距離となると、たったの22・５km。ウルトラマンがはやぶさと対決し、同時に上野駅から北へ向かうと、スタート直後はウルトラマンがリードするが、最初の大宮駅の５・２km手前で３分経ってしまってハヤタに戻り、ヘタバっているところを、はやぶさが軽やかに抜き去ることになる。このヒーロー、速いことは速いが、著しくスタミナに欠けるのだ。

　新宿から国分寺までの21・１kmを、ＪＲ中央線がほぼ直線状に走っている。２０１４年5月現在、乗車賃は３８８円。地面の上を移動する限り、だいたいこのあたりが彼の行動半径ということになる。人間なら充分に通勤通学圏内。なんとウルトラマンの活動範囲は、サラリーマンや学生よりも狭かった！

◆ウルトラマンは大阪城を守れるか!?

だが、ウルトラマンの移動手段といえば、やはり空を飛ぶことだ。これを抜きに、彼の行動範囲は語れない。

その速度はマッハ５。これは半端なスピードではない。マッハ５とは音速の５倍の速さであり、気温15℃のとき、秒速１７００ｍ。実に時速６千㎞である。すごいぞウルトラマン！

では、科学特捜隊の基地から出発して西に向かった場合、３分間でどこまで飛べるのか。科特隊の日本支部は「東京郊外」にあるという設定で、具体的な地名は明らかではない。そこで、東京の西部にある調布市だと仮定しよう。ここからマッハ５で勇躍飛び立ったウルトラマンが、３分でどこまで行けるかを計算してみると……えっ。琵琶湖!?

これには筆者も驚いた。マッハ５という猛烈なスピードで飛んでも、たったの３分では３００㎞しか移動できないのである。ウルトラマンは琵琶湖の上空で変身が解けてハヤタに戻り、そのまま日本最大の湖にボチャンと落下……。

他の方角はどうか。北へ向かえば仙台の手前、北西に針路を取れば金沢が限界である。なんとウルトラマンは、地球の平和を守るといいながら、大阪や盛岡さえ守れない！

守備圏内にある名古屋にしても、調布から２４５㎞も離れているため、移動するだけで2分24秒を使ってしまう。すると、戦えるのはたったの36秒。これはもう、地上に降り立つなり、いきなり必殺・スペシウム光線をしゅばばば〜と浴びせるしかない。暴れていた怪獣も「そんなのアリかよ!?」と文句を言いたくなるだろう。

半径300㎞というのは、面積にして地球全体の0・06%にすぎない。残る99・94%の地域に暮らす皆さん。怪獣が現れたって、ウルトラマンは決して来てくれないぞ!

◆変身、変身、また変身!

話が思わぬ方向へ進んでしまったが、われらのウルトラマンには、ぜひとも地球の平和を守ってほしい。そのためには、どうすればいいのだろうか。

あくまで自力で何とかしようと思うなら、変身を繰り返すしかないだろう。周囲4万㎞の地球上でいちばん遠いのは、2万㎞離れた地球の裏側だ。そこにたどり着くまでに必要な変身回数は、実に67回!

ハヤタ隊員は、そんなに連続してウルトラマンに変身できるのだろうか? 劇中では、連続して変身したことはなかったが。いや、それが可能だとしても、3分おきに67回も変身を繰り返すなど、ウルトラマン自身が嫌になるのではないか。

現実的に考えれば、ハヤタ隊員が怪獣の出現地まで乗り物で移動し、現地でウルトラマンに変身するのがいいと思う。大阪に怪獣が出現したら、ハヤタはただちに新幹線の切符を買う! こ

れがウルトラマンの正しい出動シーンなのだ。

いや、よく考えたら、ハヤタ隊員は、科学特捜隊の一員なのだから、この組織が保有する戦闘機・ジェットビートルに乗ればいいのである。こちらのスピードはマッハ2・2で、ウルトラマンの半分にも満たないが、時間制限がないのが何よりありがたい。なるほど、だからウルトラの人たちは、地球に来るとまず正義のチームに入隊するのだなあ。

とっても気になるマンガの疑問

『名探偵コナン』のコナンくんは、あまりにも事件に遭遇しすぎじゃないですか？

『名探偵コナン』はものすごい人気マンガである。この原稿を書いている時点で、雑誌の連載は20年を超え、それをまとめたコミックスは90巻まで発売されている。

高校2年生の工藤新一が、謎の薬を飲まされ、小学1年生の江戸川コナンとして活躍するようになって20余年。現実の時間とともに年を取ったとしたら、いまや20代後半になっているはずだ。だが、劇中のコナンはずっと小1のまま、毎週のように事件に巻き込まれ、それを解決している。

ということは、コナンはたった一年のあいだにモノスゴク大量の事件に遭遇していることになるではないか。しかもその多くが、殺人事件……！

本稿では、コナンがどれほど多くの事件に遭遇しているのかを考えてみたい。

◆2日に一度は殺人事件！

90巻までのマンガを全部読んで、コナンがどれだけ事件に遭遇しているかを数えてみたところ、次のとおりだった。

事件に関わった日数　３２２日
関わった事件の数　２７０件
そのうち殺人事件　１８１件

これはもう、多いなどというレベルではない。一年３６５日のうち、事件に関わらなかったのは、たったの43日。一週間に平均５・２回も事件に遭遇し、そのうち３・５回が殺人事件なのだ。毎週3回以上も殺人事件に関わるなんて、殺人事件担当の刑事より多いのではないだろうか。

たとえば、東京の安全を守る警視庁で、殺人事件を扱うのは刑事部捜査第一課。『君は一流の刑事になれ』(久保正行／東京法令出版)によると、警視庁の警察官4万３２７３人のうち、捜査第一課に所属するのは約３９０人。そのうち、東京で起きた殺人事件は12の殺人捜査係がチームで捜査にあたる。２０１２年に警視庁が発生を認知した殺人事件は１１８件。つまり、一人の刑事は、一年におよそ10件の殺人事件を担当することになる。コナンの１８１件とは、その18倍だ！

コナンは、なぜこんなにたくさんの殺人事件に遭うのだろうか。彼が関わった１８１件の殺人事件は、遭遇のきっかけが大きく二つのパターンに分類できる。

まず、コナンが積極的に事件に関わったパターン。これは、コナンが探偵活動をやっている限り、仕方がないだろう。そのうち、コナン自身が解決を依頼された事件が41件、毛利探偵事務所に依頼された事件にコナンが関わっていくケースなどが19件で、合計60件である。

では、残りの１２１件とは、どうやって遭遇したのか。信じられないかもしれないが、偶然なのだ！　しかもそのうち85件は、レジャー。旅行に行ったり、海水浴に行ったりして楽しんでいると、不意に殺人事件に遭遇するのである。少年探偵団と山に遊びに行って、歩美ちゃんが座るための石を拾い上げたら、それはガイコツだった！などという衝撃的すぎる事件もあった。

わずか一年で、偶然に１２１件もの殺人事件に遭遇するとは、すごい確率だ。一つの殺人事件に巻き込まれる人数を、被害者、家族、目撃者、参考人、現場の所有者などを含めて、平均20人と仮定すると、日本人が一年のうちに、なんらかの形で殺人事件に巻き込まれる確率は０・０１７％＝６千分の１。これが「一年に2件以上」となると７２００万分の１、「3件以上」が１兆２千億分の１。地球の人口は73億人だから、一年に3件以上の殺人事件に巻き込まれる人は、まずいないという計算になる。

すると、真実は一つ。コナンは、常軌を逸して殺人事件に巻き込まれやすい体質なのだ！　もしキミが街へ出かけたときに、半ズボンに蝶ネクタイで大きな眼鏡をかけた小学生を見かけたら、とっととその場を離れたほうがいい。ボヤボヤしていると、キミも殺人事件に巻き込まれるぞ。

◆殺人事件が追いかけてくる！

ここまで殺人事件に遭遇しやすい体質だと、コナンといっしょにいることの多い毛利蘭ちゃんや、少年探偵団も、事件に巻き込まれる機会が増えてしまう。彼らのためにも、コナンはできるだけ事件に遭わないように努力すべきである。

最大の鬼門は、レジャーだ。コナンはまず、旅行を控えるべきだと筆者は思う。この一年、コナンが出かけた泊まりがけの旅行は41回。そのすべてで事件が起こり、40回は殺人事件が起きている。だいたい、一年に41回なんて、旅行に行きすぎなんだよ！

なかでも、殺人事件に遭いやすい土地というものがある。群馬で13件、静岡で12件、神奈川で5件、大阪で4件。これらの地域には、もう近寄らないほうがいい。

とはいえ、地元の米花町にいても油断はできない。探偵事務所の1階の喫茶店「ポアロ」をはじめ飲食店で13件、遊園地や映画館など娯楽施設で8件、プロレスなど興行関係で3件、図書館など文化施設で3件、学校でも3件。電車に乗っても、書店に行っても、野球や仮面ヤイバーごっこをやっていても、とにかく生活のあらゆる場面で殺人事件が待ち構えている。もはや彼にとって「生きる」とは「殺人事件に遭うこと」といっても過言ではない。

コナンはいったい、どうすればいいのだろう。家でじっとしているべき？　いやいや、住んでいる毛利探偵事務所で殺人が起きたことさえある。殺人事件でこそなかったが、自宅も、阿笠博士の家も、事件の現場になっているのだ。江戸川コナン、この世に安息の場所なし！

◆鍵を握るのは、目暮警部だ

しかしコナンは、遭遇した事件のすべてを解決している。なぜこんなことが可能なのか？ある警察関係者に話を聞いてみた。実は『コナン』が大好きという関係者は、正体を明かさないことを条件に、「コナンが遭遇する事件の特異性」をいくつか指摘した。

まず「いつも死体が現場に残っていますね」。通常、殺人犯は死体を隠そうとするそうだ。

「その結果、人定も容易です」。人定とは、被害者が誰で、いつ、どこで、どのようにして殺されたかを明らかにすること。この段階で、犯人像が浮かび上がることも多いという。

「凶器も現場に残っていますね」。そう、被害者の背中に包丁が刺さっていたりする！

「犯人が逃走しませんね」。確かに、いつも「犯人はこのなかにいる！」という状況だ。

「流しの殺しもありません」。流しの殺しとは、被害者と無関係な犯人による行きずりの殺人だという。なるほど、それは犯人の特定が難しいだろう。

つまり、コナンが遭遇する殺人事件は、現実に起こる殺人事件とはかなり様相が違うらしい。死体はある、人定も完了、凶器も確保、犯人も現場にいる。ただし、誰が犯人なのか、それだけがわからない！

そして、この警察関係者はもうひとつ重大な指摘をした。「いつも同じ警部が臨場しますね」。

あっ、言われてみれば、確かにそのとおり。現実の捜査一課には12人の殺人犯捜査係長がいるのだから、いろんな人が来てもよさそうなものだが、『コナン』で東京の事件現場に来るのは、いつも目暮十三警部だ。

そして、筆者の推理によれば、この目暮警部こそが『コナン』の世界の最重要人物である。

警察関係者は語る。「警察が民間の方を現場に入れることは、決してありません。あるとしたら、鍵屋さんとか、大学の先生など鑑識の専門家くらいです」。この点、目暮警部はとっても柔軟だ。「ダメだよ、部外者が現場に勝手に入っちゃ……」と言いながらも、現場を推理勝負に提供したりしてしまう。だからこそ、コナンは事件を解決できるわけだ。

もし目暮警部が、民間人立ち入り禁止の鉄則を守り抜いたら、コナンは現場にさえ入れず、事件を解決できなくなる。そうなったら、この名探偵は、異常に事件に遭いやすく、周囲の人々をやたら巻き込むだけの迷惑なヤツになってしまう……。

な～るほど、『コナン』の物語が成立しているのは、目暮警部のおかげだったのか～。

とっても気になるアニメの疑問

アンパンマンの顔は固いのか、柔らかいのか、どちらでしょう?

この質問、初めは意味がわからなかったのだが、よ〜く読んで深々とナットクした。つまり、こういう問題提起だ。

アンパンマンは、宿敵ばいきんまんと戦うとき、しばしばバイキンUFOの巨大なハンマーで思いっきりぶん殴られる。だが、その顔は平らになるだけ。皮が破れてアンコが飛び出したり、破片が飛び散ったりすることはない。アンパンマンの顔はもちろんアンパンなのだが、どうやらものすごく頑丈なアンパンのようだ。

一方で、このヒーローはお腹のすいた人がいると、自分の顔をちぎって食べさせる。自身の肉体を食料として提供するとはあまりの慈悲深さだが、ここに疑問が生じる。

巨大ハンマーの打撃を受けても破損しない丈夫なパンを、なぜアンパンマンは苦もなくちぎり取ることができるのか？　このパンは頑丈なのか、柔らかいのか、いったいどっちなのだろう？

◆アンパンマンの「降伏点」とは？

この問題を考えるためには、まず「ばいきんまんのハンマーがどれほどの力でアンパンマンを殴りつけているか」を知りたい。

劇中の描写から、バイキンＵＦＯから繰り出されるハンマーは、直径２ｍほどの鉄製で、重量は推定49ｔ。殴りつける速度は、時速１８０㎞にも達すると思われる。こんなモノでアンパンを叩いたら、普通は跡形もなくビシャ〜ッと飛び散るだろう。

だが、アンパンマンのアンパンは、ちょっと凹んで平面になるだけ。元の球形には戻らなくなるが、ツブれたり、破れてアンがはみ出したりするわけではない。

この状況を材料力学の用語で表現すれば「アンパンマンの顔面が受けた力は、降伏点を超えているが、強度の範囲に留まる」となる。

「降伏」とは、普通は「敗北を認めて敵に服従すること」という意味だが、材料力学の世界では

「物体に力を加えることで、永久的な歪みが生じること」を指す。アンパンのように弾力性を持つ物体は、力を受けると変形するが、力がなくなると元の形に戻る。ところが限界を超えると、変形したまま元に戻らなくなる。この現象を「降伏」、その分かれ目となる力の強さを「降伏点」と呼ぶのだ。

まあ、日常の言葉で言うと「壊れなかったけど、変形して元に戻らなくなった」ということですね。

こうなったということは、アンパンマンはどれほどの衝撃を受けたのか？　実験するために、近所のスーパーに行って、アンパンを２個買ってきた。

購入したアンパンの厚さは４・８㎝。これをはかりに載せ、木の板で押してみた。１kg、２kgの力を加えても、難なく元に戻る。４kgの力をかけると、４・８㎝の厚さが２・１㎝にまで圧縮されたが、それでも復元した。アンパンの弾力性は、意外とすごいぞ。

だが、５kgの力を加えると、厚さ１・４㎝にまで押しひしがれ、ついに元には戻らなかった。アンコがはみ出したりしたわけではないが、見るからにヘタってしまい、まことにおいたわしい。

実験の結果から「現実のアンパンは厚さが29％にまで押し潰されると、元の形に戻らなくなる」と考えられる。

これをアンパンマンの顔に当てはめるとどうなるか。

アンパンマンの身長を1m60cmと仮定し、アニメの画面で測定すると、頭部の直径は76cmになる。この巨大なアンパンが元の丸い形に戻らなくなるのは、厚さ23cmに圧迫されたときだ。もうムニュ〜ッと、3分の1くらいまでに押しつぶされた状態である。

このときアンパンマンが受ける衝撃を計算すると、うおっ、なんと1万2千t！　これほどの力を受けても変形するだけで、完全にはツブれないとは、すごいアンパンマンだなあ。

◆このパン、もらって嬉しいか？

これほどすごいアンパンでできた自分の顔を、アンパンマンは楽々とちぎる。これは、彼がモノスゴク怪力ということだ。いったい、どれほどの力を発揮しているのだろう？

再び実験してみよう。先ほどのアンパンのもう一つを使い、劇中のアンパンマンがちぎっているのと同じくらいの大きさにちぎり取ってみたところ、２５０gの力を要した。

先の実験でアンパンの降伏点は5kgだったから、アンパンの一部をちぎり取るのに必要な力は、降伏点の20分の1と考えられる。この比率はアンパンマンの顔も同じと仮定していいだろう。

すると、アンパンマンが顔をちぎるのに必要な力は、1万2千tの20分の1で６００t。乗用

車一台が1t前後だから、このアンパン、乗用車600台を持ち上げられる力で引っ張らない限りちぎれない、ということだ。うひょ〜っ、ものすごく頑丈！

600tもの力が必要とあっては、アンパンマンの顔をちぎれるのは、アンパンマンぐらいのものだろう。劇中、カバおくんや、ウサこちゃんが勝手にちぎって食べるシーンは見たことがないが、それも当然のことだったのだ。

しかし、これほど頑丈なアンパンは、おいしいのか。いや、それ以前に、食べられるのか。手でちぎるのに６００ｔの力が必要ということは、噛みちぎるにもそれと同じくらいの力が必要と思われるが……。

アンパンマンはお腹のすいた人に自分の顔をちぎって渡していたが、こんなモノをもらってもどうしようもない。空腹で困っている人が、食べもの屋さんの入り口に飾ってある食品サンプルを渡されるようなものだ。食べたくても文字どおり歯が立たず、苦しみが増すだけ！

にもかかわらず、劇中のカバおくんやウサこちゃんは、このアンパンをおいしそうに食べていた。う～ん、この子たちは、あごの力がとてつもなく強いということかなあ。

この恐るべきアンパンを作ったのは、ジャムおじさんである。ヒーローの顔がカンタンにツブれては困るから、ジャムおじさんも特に頑健なアンパンを作ったのだろう。だが、完成したパンがこれほど強靭となると、生地の段階でも相当な強度だったはず。

それをこね、アンを詰めて成形するご苦労は想像を絶するが、やはり「悪の攻撃にも耐えるヒーローの体を食べさせる」というジャムおじさんのパン作り哲学は、科学的には少々無理があるかもしれません。

とっても気になる昔話の疑問

桃太郎が桃といっしょに切られなかったのはなぜですか？

昔話の『桃太郎』は、科学的に考えると、まことに驚くべき物語である。

何しろ「桃から人間の子どもが誕生する」という衝撃の事件からスタートするのだ。冷静に考えれば、桃から生まれた以上、その個体は人間ではなく「桃」であろう。遺伝学的には、そういうことになる。桃が人間と同じ姿や能力を備えていた点にこそ驚くべきで、これは全世界の生物学者が総力を結集して取り組むべき大問題だ。

その桃が、大きくなって犬、猿、雉を従え、鬼征伐を果たす。これらの鳥獣類に言語が通じたのか、「犬猿の仲」といわれる犬と猿はケンカしなかったのか、そもそもこの陣容で鬼に勝てた

のか……など、科学的に不可解なナゾだらけだ。

これらをひとつひとつ考えていくと、生涯を「桃太郎の科学的研究」に費やすことになりそうなので、ここでは最大の謎を考えよう。その誕生の場面において、おばあさんが包丁で桃を切ったとき、なぜ桃太郎は切られなかったのか!? この問題について、筆者はたくさんの人々に尋ねられてきた。確かに、誰もが気になる疑問であろう。

◆おばあさんは力持ちだ!

物語の始まりを『昔ばなし100話』(主婦と生活社)は、こう描いている。

「おばあさんが川で洗濯をしていると、川上から大きな桃が、どんぶらこ、どんぶらこと流れてきました。おばあさんはそれを拾い上げ、家へ持って帰りました」

あっさりした描写だが、よく考えると、大変なことが行われている。川を流れてきた桃には人間の赤ちゃんが入っているのだから、相当デカかったはずだ。この昔話を収録した本をいくつか買ってきて、挿絵から推定すれば、『ももたろう』(ポプラ社)では直径60㎝、前掲の『昔ばなし100話』では80㎝、『ももたろう』(いもとようこ/岩崎書店)に至っては1m!

では、現実の桃のサイズはどれほどか。近所の果物屋で桃を買ってくると、直径8㎝、重量2

００ｇだった。挿絵に描かれた大きさの平均を採って、おばあさんが川から拾い上げた桃の直径を80㎝と仮定すると、それは通常の10倍もの大きさがあったことになる！

これは重さも、大変なものになるはずだ。大きさが10倍ということは、縦も横も前後も10倍だから、重さは千倍になって、２００kg＝大型の家庭用冷蔵庫二つ分、４００ccのバイクほどの重量だ。

おばあさんはこんなモノを川から拾い上げ、家まで運んだというのか!?　すす、すごい！　そんな腕力があるなら、鬼退治にはおばあさんが行ってほしかった！

◆えっ、勝手に割れていた!?

こうして、桃は怪力おばあさんの手によって、家まで運ばれたわけである。

では、問題の「桃の切断」は、どのように行われたのか。このおばあさんの剛腕にかかれば、桃も桃太郎も、まとめて一刀両断されそうな気がするが……。

ドキドキする胸を押さえつつ、前出の『昔ばなし１００話』の描写を確認してみよう。

「切ろうとすると、ももはぱっとわれて、中からかわいい男の子が『ほうぎゃあ、ほうぎゃあ』と生まれました」。あれっ、おばあさんは切ってない!?

この本だけが、そういう話なのだろうか。そう思って他の絵本も読んでみたのだが、岩崎書店版では「きろうとすると、ももはぱかっとわれて」、ポプラ社版も「ほうちょうできろうとしました。すると、パックリ！」。ややや っ!?

さらに、原話に近いと思われる岩波文庫版『日本の昔話(II)』も開いてみたのだが、「切るべとすると、桃はじゃくっとわれて」。わあっ、やっぱり桃はひとりでに割れたということだ。

いやあ、驚いた。おばあさんが桃を切っていなかったこともそうだが、自分をはじめ、多くの人が「おばあさんが切った」と信じて疑っていなかったことに！

◆桃太郎が割った？

だが、桃がひとりでに割れたとすると、科学的にはどう考えればいいのだろうか。果実のなかには、ホウセンカやアケビのように、熟したら自ら割れるものもある。だが、桃は完熟したからといって、ひとりでに割れたりしない。

ひょっとしたら、桃のなかにいた桃太郎が、包丁を振り上げたおばあさんの気配を察して「おめおめ切られてなるか」と、内側から桃を無理やり押し広げた、ということだろうか。

それも無理な話だ。桃の果肉は柔らかいから、内側から押し広げようとしても、手が果肉にズ

ブズブめり込むだけだろう。

これは、おばあさんの側から見ると、桃の内部から突然、人間の手がズボッと出てくるという怪現象に他ならない。驚いたおばあさんは「化け桃じゃあ！」と腰を抜かし、近所の人に助けを呼んで村じゅうが大騒ぎになるか、逆にその怪力で包丁を振り回し、桃退治を始めるか……。いやいや、桃太郎にそんな場面はありません。

◆その包丁で桃が切れるか!?

謎は深まるばかりだ。そこで、

絵本の挿絵を改めてまじまじと観察するうちに、筆者はあることに気がついた。どの絵本を見ても、おばあさんが持っているのは、刃渡り20㎝ほどの普通の包丁なのだ。

この包丁では、直径80㎝の桃を真っ二つに切ることは難しいだろう。切れる部分の長さが20㎝しかないのだから、当然だ。どのように包丁を駆使したとしても、桃の表面から20㎝の深さにまでしか切り込めない。

桃太郎が母親の胎内にいる普通の赤ん坊と同じように、足を曲げて桃に入っていたとしたら、頭からお尻まで40㎝ほどだろう。その場合、桃の直径は80㎝だから、果肉の厚さはいちばん薄いところでも20㎝。おばあさんの包丁は、ギリギリで桃太郎には達しない！　ああ、桃がひとりでに割れなくても、桃太郎は助かっていたということではないか。

やれやれ、長年の謎が、ホッとする結論で解決した。すべては、桃が常軌を逸して大きかったおかげである。めでたしめでたし。

とっても気になる特撮の疑問

ウルトラセブンとアンヌ隊員が恋を実らせたら、幸せになれますか？

『ウルトラセブン』は、数ある特撮テレビ番組のなかでも「名作」と謳われている。もちろん、筆者も大好きだ。いちばん好きな空想科学物語といってもいいかもしれない。

個性的な宇宙人。未来の香りが漂うウルトラ警備隊のメカ。そして、平和のためといいながら強力すぎる兵器を開発する人間に対して、ウルトラセブンが「それは間違っているのではないか」と疑問を抱くエピソードなど、考えさせられる深さもあった。

それに加えて、物語を豊かにしたのは、アンヌ隊員の存在だ。

ウルトラセブンは、M78星雲にあるウルトラの星からやってきた。身長40m、体重3万5千t。

この巨体では地球で暮らすことはできないから、人間の青年に姿を変え、モロボシ・ダンと名乗り、ウルトラ警備隊に入隊した。そこで出会ったのが18歳の美しいアンヌ隊員であった。

しかし、二人が結ばれることはなく、その最終回でウルトラセブンは、アンヌに別れを告げ、M78星雲に帰っていった。それはあまりに悲しい別れだった。もしウルトラセブンが地球に残り、二人が結ばれていたら、幸せになれたのだろうか。

◆好きなのはダン？　セブン？

ダンとアンヌの関係は、ハッキリと恋にまで進展したわけではない。つき合っていたわけでもない。だが、その最終回、戦いで衰弱したウルトラセブンが故郷・M78星雲に帰ることになったとき、自分の正体を打ち明けた相手はただ一人、アンヌ隊員だった。

このとき初めて、二人の心は通い合ったのだと筆者は思う。ダンは、アンヌにこう切り出した。

「アンヌ、僕は……、僕はね。人間じゃないんだよ。M78星雲から来たウルトラセブンなんだ！」

瞬間、画面はシルエットに変わる。背景では、湖の水面のように、光がきらめく。アンヌはかすかに唇を動かすが、言葉にならない。……このムードは、もう完全に恋人同士じゃん！

やがて、ダンは優しく言葉を続ける。「びっくりしただろう？」。アンヌは答えた。

「……ううん。人間だろうと宇宙人だろうと、ダンはダンに変わりないじゃないの。たとえ、ウルトラセブンでも」

ああ、なんと純粋な心！　アンヌは、ダンが何者であっても、ダン個人を愛すると言っているのだ。イケメンがいいとか、背が高くないとイヤとか、お金持ち歓迎とか、仕事が安定しててほしいとか、そういうコトばっかり口にする昨今の若い女性たちに聞かせてやりたい。

だが、冷静に考えると、アンヌの発言は問題ではないだろうか。

だって彼、本当はウルトラセブンなのである。ダンは地球で暮らすための仮の姿。アンヌのセリフを、バカ殿に扮した志村けんに置き換えると、こうならないか？

「バカ殿だろうと志村けんだろうと、バカ殿はバカ殿に変わりないじゃないの。たとえ志村けんでも」

う〜ん、そう言われて、嬉しいかな。ダンとしては「いや、本当の僕はセブンのほうなんだけど……」と思わなかったのか、ちょっと心配だ。

◆二人がいっしょに暮らしたら

こうしてウルトラセブンは、故郷の星に帰ってしまった。もしセブンが地球に留まり、二人が晴れて結婚したら、どうなっていたのだろう。人類と宇宙人の垣根を越えた新婚ラブラブ生活を送れるのか？

ここで重要なのが、ウルトラセブンは「セブンとダンのどっちの姿で生活するのか」ということだ。

セブンも家にいるときくらい、本当の姿でノンビリしたいところであろう。すると、夫は身長40m、体重3万5千t。これは、大変な生活が待っている！

身長40mとは、人間の24倍だ。当然、広大な新居が必要になる。セブンが暮らせる2LDKの部屋とは、天井の高さが60m、広さが3万㎡。高さは東京ドームを上回り、面積は東京ドームの3分の2に迫る！

その広大な部屋に、通常の24倍サイズの家具や設備を取り揃えなければならない。たとえば、テーブルの高さは17m。5階建てのビルのようなものだ。このテーブルで食事をしようと思ったら、アンヌはいちいちセブンに持ち上げてもらわないといけない。

お風呂もすごいことになる。筆者の家の浴槽を元に計算すると、縦23m、横13m、深さ12m。猛烈に深い温水プールのようなものだ。本来ならゆったりつかりたい浴槽のなかで、アンヌは必死に立ち泳ぎ。油断したら溺れ死ぬ！　まったくくつろげない。

だからといって、アンヌ用の通常サイズをセブン用の巨大設備の隣に作ると、やっぱりアンヌがツライことになる。想像してもらいたい。野球場のような空間に、さまざまな設備が散らばっているさまを。キッチンの流しからテーブルまで40m、ベッドからトイレまで200m！　夜中におなかの具合でも悪くなったら、どうしよう……そんな心配をしていたのでは、おちおち寝てもいられない。

アンヌが心安らかに過ごすためには、彼女用のひと揃いを別区画に設置するしかないだろう。つまり、新婚そうそう家庭内別居。あまりに悲しい夫婦である。

ここはウルトラセブンに譲ってもらい、モロボシ・ダンの姿で暮らしてもらうしかないだろう。しかし、地球人とM78星雲人。うまく暮らしていけるのだろうか？

最終回で、体調を崩していたダンは、こうつぶやいた。「脈拍360、血圧400、熱が90℃近くもある……」

こんなヤツ、うっかり看病できない！ 劇中、アンヌはガーゼでダンの汗を拭っていたが、直接額に触れたら大ヤケドするところだった。

◆年齢差、なんと1万6982歳！

さらなる頭痛のタネは、年齢差だ。ウルトラセブンの年齢は、実に1万7千歳。一方アンヌは18歳。その差は1万6982歳である！

これだけ年齢の離れた夫婦のあいだで、会話は弾むのだろうか。日本で発見された最古の土器は、いまから1万6500年前の縄文式土器だ。それが作られた頃に生まれた宇宙人と、20世紀に生まれた人間に、共通の話題があるかなあ？ ダンが「僕は子どもの頃……」と語り始めたら、それは縄文時代の話なのだ！

そして何より深刻なのは、二人の「これから」である。

ウルトラセブンはすでに1万7千歳だが、ウルトラの人々の長生きっぷりは、そんなレベルではない。ウルトラマンキングという長老の年齢は、なんと30万歳。つまりウルトラセブンも、人類の３千倍ほど長く生きる可能性がある！

仮に、18歳のアンヌが90歳まで生きるとしたら、残る人生は72年。1万7千歳のウルトラセブンが30万歳まで生きるとしたら、余命は28万３千年。こんな二人が結ばれたら、セブンは生まれてからの1万7千年を独身で過ごし、そこから72年だけアンヌと暮らし、その後28万２９２８年は妻の思い出とともに生きることになる。愛する妻と幸福を分けあった結婚生活は、人間の感覚に置き換えれば、たったの８日……。うーん、気の毒な人生だなあ。

——などとウルトラセブンに同情していたら、ええっ!? 最近の『ウルトラ』シリーズでは、ウルトラセブンの息子のウルトラマンゼロが活躍している!? アンヌといい雰囲気で盛り上がっていた頃、セブンは既婚者だったの!?

意外な過去にびっくりしたが、勝手ながらその話は無視して、ここではセブンとアンヌの新婚生活を科学的に想像してみました。それだけ、セブンとアンヌに結ばれてほしかったなあ、と筆者は思っているのです。今でも。

とっても気になるゲームの疑問

『とびだせ　どうぶつの森』では、ジンベエザメを一本釣りにします。そんなことができますか？

２００１年から続く『どうぶつの森』シリーズは、捕ってきた魚や虫や化石などを売ってお金を稼ぎ、家のローンを払ったり、家具を調えたりしていく人気のゲーム。お金は、木を揺らすと落ちてきたり、スコップで岩を叩くと出てきたりもする。いいなあ、それ。現実世界もそうであってほしいなあ。

だが、ほのぼのしたこの世界でも、結構ワイルドなことが行われている。第６作『とびだせ　どうぶつの森』では、捕まえる動物にジンベエザメがあり、プレイヤーはこれを釣竿一本で釣り上げるのだ！

恐るべきことである。ジンベエザメは地球でいちばん大きな魚類で、その体長は5mから18mにも達するという。そんな巨大な魚を一本釣りなんて、できるのか？

◆ジンベエザメは8m！

まずは、実際にゲームをやって、ジンベエザメを釣り上げてみよう。

プレイヤーが浜辺に出かけ、身長と同じぐらいの釣竿で、沖に向かって糸を投げる。浮子の下に魚が近づいてきて、針にかかって浮子の周りをぐるぐる泳ぐ。竿を上げるとバシャッと軽い水音がして、プレイヤーの手元に魚が飛んでくる。それはアジだったりタイだったりして、これが現実だったら、筆者はこの時点で満足して家に帰り、新鮮なうちに刺身にするところだ。

そんなわけにもいかないので、辛抱強く釣り糸を垂らしていると、おおっ、ついに釣れました、ジンベエザメ！

するとプレイヤーはジンベエザメを片手で持ち上げ「ジンベエザメを釣り上げちゃった！でっかい！」と喜ぶ。セリフの文字の下には魚のマークに続いて「８００㎝」と獲物のサイズが表示される。そしてすぐさま、プレイヤーはジンベエザメをズボンのポケットにしまうと、次の魚を釣りにかかるのだった。

ちょ、ちょっと待て。８００㎝とは８ｍだぞ。そんなに巨大なジンベエザメを、人間の身長ほどの釣竿で釣れるのか？　しかも、片手で持ち上げられるのか？　さらに、ズボンのポケットなんかにしまえるのか!?　ビックリ仰天の３連発である。

ゲームの画面には体長しか示されないが、８ｍのジンベエザメとは、相当な重さになるはずだ。大阪の水族館「海遊館」には、大くん、海くんという５ｍ級のジンベエザメがいた。この二君をもとに計算すると、体長８ｍのジンベエザメは、体重およそ６ｔ。なんと、中型の路線バスくらいの重量になる。

そんな魚を片手で持ち上げるとは、ほのぼの暮らしているように見える『どうぶつの森』の人々は、実は恐ろしい怪力だったのだなあ。

しかも、重さ６ｔの魚は、６ｔの力では釣り上げられない。釣り糸は竿の先端についているから、「テコの原理」が働いて、もっと大きな力が必要になる。

テコとは、長い棒を使って、小さな力で重いものを動かす道具だ。持ち上げたいものの下に棒を差し込み、それに近い場所で棒を固定し、反対側を動かす。固定した点を「支点」といい、支点から荷物までの距離が短く、手までの距離が長いほど、小さな力で荷物を動かせる。

ところが、釣竿の場合、この関係が逆になる。体長８ｍのジンベエザメを釣り上げるには、最低でも8mの竿が必要だろう。その根元を左手で握って支点とし、50㎝離れたところを右手で持ち上げる場合、右手から支点までの距離は、釣り糸から支点までの16分の1でしかない。すると右手が出さねばならない力は、ジンベエザメの体重の16倍で、なんと96t！

8mのジンベエザメを一本釣りするプレイヤーは、実は中型の路線バスを16台も持ち上げられるヒトだったのだ。こうなると、もう怖い……。

◆なぜポケットに入れる!?

だが、単に怪力なだけでは、ジンベエザメは釣り上げられない。普通の釣竿ではたちまち折れてしまうから、モノスゴク頑丈な釣竿を準備したほうがいいし、糸や針もそれなりのものが必要だ。そして、ジンベエザメが食べるのは、意外にも小さなプランクトン。釣り糸にプランクトンを入れたカゴを釣り下げ、うまく揺らしてプランクトンを漂わせるなど、アジやタイを釣るのとはまったく別の仕掛けをしなければならないはずだ。

などと気になることはたくさんあるのだが、筆者が何よりも問題視したいのは、釣り上げたジンベエザメをプレイヤーがポケットに入れることだ。8mのジンベエザメがポケットに入るのか？　入れたらポケットが破れないのか？　ズボンが濡れてキモチ悪くないのか……!?

それでもプレイヤーは、平然と釣りを続ける。ここは、ポケットの内部が、『ドラえもん』の四次元ポケットや、『ポケモン』のモンスターボールのように特殊な空間になっていて、ジンベエザメを入れることが可能であり、重さも軽くなると考えるしかないだろう。

それでも問題がある。サメやエイは原始的な魚類で、タンパク質を消化するときに発生するアンモニアを処理する仕組みを持っていない。人間の腎臓に当たる器官がないのだ。このため、死んでしばらくすると、猛烈なアンモニアの臭いがするようになる。ジンベエザメをポケットのなかで死なせようものなら、ポケットの中は悪臭にまみれ、いっしょに入れたアジやタイなど他の魚も食べられたものではなくなってしまうだろう。それどころか、ズボン自体が二度と使えなくなるかも……。

ジンベエザメは、ぜひ生きたまま持ち帰ろう。そのためには、ポケットに大量の海水も入れてもらいたい。ジンベエザメは、これも原始的な魚類の特徴で、エラに自力で海水を送ることができない。泳ぎながら海水を吸い込まないと、窒息してしまうのだ。

体長8mのジンベエザメが自由に泳ぐには、縦20m×横20m×深さ10mほどの水槽が必要だろう。それだけの海水の重さは、実に4千t。ポケットの特殊な性質で、この重さがゼロになるとしても、ポケットに水を入れる作業は、手でやるしかないだろう。小さなバケツ1杯分、5kgの

海水を1秒で入れていったとしても、4千tを入れ終わるのは9日と6時間後……。

ジンベエザメの一本釣りとは、これほど大変なことなのだ。なのに「釣り上げちゃった!」と軽く喜ぶだけで、すぐ次の魚を釣り始めるのだから、『とびだせ どうぶつの森』の世界の人は、あまりに豪快だ。もし現実の世界で巨大なジンベエザメを釣り上げることがあったら、もっともっと盛大に喜んで、そっと海に帰してあげることをオススメします。

とっても気になる特撮の疑問

仮面ライダーは「バッタの改造人間」です。どんな改造をしたのですか？

仮面ライダーシリーズの出発点は、1971年に放送されたテレビ番組『仮面ライダー』だった。最初のうちこそ視聴率は低かったが、途中からぐんぐん人気が出て、やがて「変身！」という言葉が流行語になるなど、大ブームになった。

当時の子どもたちの心に深く染み込んだのが、オープニングの歌を締めくくっていたナレーションである。それは『仮面ライダー』の世界観を簡潔に説明していた。

仮面ライダー・本郷猛は改造人間である。

彼を改造したショッカーは、世界制覇を企む悪の秘密結社である。

仮面ライダーは人間の自由のためにショッカーと戦うのだ！

う〜む、いま思い出してもカッコイイなあ。

だが、子どもの頃から気になっていたことがある。ここで言う「改造人間」とは何なのか？

悪の秘密結社ショッカーは、蜘蛛男とかサボテグロンとかキノコモルグなど、動植物や果ては菌類の能力を人間に移植した怪人を作り出し、世界征服計画の尖兵としていた。彼らは怪人を「改造人間」とも呼んでいたから、ショッカーの言う「改造」とは、人間に別の生物の能力を植えつけることだと考えられる。

われらが仮面ライダーも、そんな改造人間の一人だった。脳改造の手術を受ける直前に逃げ出したライダーは、改造手術によって得た力を使い、一人ショッカーに立ち向かう。

そして、彼が力をもらった生物とは、バッタであった……。

◆どんな「改造」なのか!?

正義の味方が手にしたのは、バッタの能力。それってカッコイイのかなあ、と複雑な気持ちになるが、まずはバッタの能力というものを調べてみよう。手元の昆虫図鑑の「トノサマバッタ」の項目には、次のような解説がある。

オスは体長35～45㎜、メスは45～65㎜。7～10月にかけて、主に乾いた草地で見られる。群れない孤独相と、群れる群生相がある。前者は後肢が発達してジャンプ力が高く、後者は翅が発達して飛翔能力に優れる。

おお、「群れない孤独相はジャンプ力が高い」というのは、まさに孤高のヒーロー・仮面ライダーにぴったりではないか。仮面ライダーのジャンプ力は25m、必殺技はその跳躍力を活かしたライダーキックなのだから。ショッカーの「本郷猛＋バッタ」という改造方針は、結果的に大成功だったといえるだろう。

だが、人間にバッタの能力を植えつけることが、そう簡単にできるのか。冒頭のナレーションで、本郷猛は手術台に縛りつけられ、外科手術を受けていた。このときショッカーは本郷にどんな手術をしたのだろう？

バッタの脚力を最大限に活かそうと思ったら、本郷猛の上半身と、バッタ下半身を組み合わせるのがベストだろう。

だが、人間とバッタでは、体のつくりが根本的に違う。人間の体は、骨を筋肉や皮膚が包む「内骨格」である。バッタなどの昆虫は、骨の役割を果たす殻が、筋肉を包む「外骨格」だ。つまり、骨と筋肉の位置関係が正反対。これをいったいどうやって組み合わせるのか。

そもそも、体の大きさがまるっきり違うし！

◆敵だ！　よし逃げよう！

本郷猛は、身長１８０cm・体重70kgという立派な体格である。これを体長４cmぐらいのバッタと無理に組み合わせると、確実に弱くなる。ショッカーは本郷の骨格には手をつけず、ジャンプ力に優れたバッタの筋肉を移植したと考えるべきだろう。
筋肉を動かすには、脳の命令を伝える神経も必要だ。ショッカーは筋肉といっしょに、神経も移植したのだろうか。

　バッタなどの昆虫は、筋肉につながる神経が肢の付け根で塊を作り、脳と同じような働きをしている。肢や翅は頭部の脳から独立して、外界からの刺激に対し反射的に運動する仕組みになっているのだ。

　バッタの跳躍力を活かすためには、この神経システムも移植したいところだが、すると困ったことになる。本郷猛がどれほど熱烈な戦闘意欲を持っていようとも、敵が近づくと足が勝手に反応し、ピョンピョン逃げてしまうのだ。草食動物のバッタにはこのほうが生きていくのに好都合だが、戦う仮面ライダーには、あまりにも不都合……。

◆みんなでバッタを捕まえよう

ショッカーがこれらの問題を解決したとしても、やはりサイズの問題が立ちはだかる。

人間は体重の40%が筋肉であり、そのうち３分の２を下半身が占める。体重70kgの本郷猛の場合、両脚の筋肉は19kgだ。

これをバッタから集めるのは大変だろう。トノサマバッタのオスは体重１・６ｇ、ジャンプに関わる筋肉は、体重の５％というデータがある。すると、バッタ一匹から採取できる筋肉は、たった０・０８ｇ！

これを集めて19kgにするために、ショッカーが捕まえねばならないバッタは、実に24万匹！

群生相なら大発生したときに一網打尽にする方法もあろうが、ジャンプ能力が高いのは群れを作らない孤独相なのだ。世界制服を企てるショッカーは、まず全国の草むらに戦闘員を散開させ、この大捕獲作戦を成し遂げなければならない。しかも、昆虫図鑑には、バッタは「人の気配に敏感で、捕まえるのは至難」などと書いてあるから、その作戦は、世間に対してはもちろん、バッタに対しても秘密を第一に遂行する必要がある。

苦心の末に無事24万匹のバッタを捕まえたら、ショッカーの医学スタッフはその小さな肢から筋肉を取り出し、本郷猛に移植する。24万匹×両肢で、移植手術は実に48万回。この改造手術に

は、いったいどれだけの時間がかかったことやら……。
改造人間・仮面ライダーは、ここまでの苦労をして生み出されたのである。ところが、脳改造の直前まで漕ぎつけながら、ショッカーは彼に逃げられてしまった。しかも敵に回られて、世界征服の最大の障害となった。そのときのショッカーの人々のガッカリ感を思うと、筆者はついうっかり悪に同情してしまうのである。

とっても気になる昔話の疑問

サンタクロースはどうやって、一晩で子どもたちにプレゼントを配るのですか?

クリスマス・イブの夜、サンタクロースが世界中の子どもたちにプレゼントを配る。すばらしいことだが、実行するサンタクロースの身になってみると、これは大変な仕事だ。

真冬の夜、トナカイが牽引する吹きッさらしのソリに乗り込んで、子どものいる家を一軒一軒まわる。しかも、赤い服と赤い帽子に白いひげ、袋を担ぎ、煙突からそっと入って、靴下のなかにプレゼントを入れる——など、様式も細かく定まっている。

これを滞りなく毎年毎年続けているサンタクロースは、あまりに偉大である。彼に敬意を表しつつ、その仕事っぷりを科学的に見てみよう。

何してるっ
ガチャガチャ
日本にはエントツがない家ばっかりでこーやって入るしかなくてですね…

◆プレゼント代は1兆8千億円！

そもそも世界には子どもが何人いるのだろうか。

総務省統計局のデータによれば、２０１０年の世界人口は69億１６００万人。そして14歳までを「プレゼントがもらえる子ども」と仮定すれば、その人口は18億７２００万人である。

う〜む。子どもが多いのは素晴らしいことだが、なかなかすごい人数だ。

サンタクロースはまず、18億７２００万個のプレゼントを用意せねばならない。値段を一個千円とすると、総額は1兆８７２０億円！　サンタクロースは、たぶんものすごい大金持ちなのだ。

プレゼントを買うのも大変だが、運ぶのにはもっと苦労する。プレゼント一個の重さを５００ｇとすれば、総重量93万6千ｔ！　これを運べるトナカイも、どれだけ力持ちなのか。

さらに、子どもたち一人一人に配る必要がある。それも、玄関でご両親に渡せばよいのではなく、寝ている子どもたちの枕元にソーッと置いていかなければならない。これがいちばん難しそうだ。年も押し詰まった夜半、他人の居宅にどうやって侵入するのか。

サンタクロースの出入り口といえば、煙突と決まっているが、それは家々に暖炉のあった古い時代のヨーロッパだからこそ。筆者が子どもの頃、家にあった一本の煙突は、風呂の焚き口につながっていた。かつてのわが国で、ヘタに煙突などから入ると、25日の朝、焼死体で発見される危険すらあったのだ。

だからといって、まさかサンタクロースが窓ガラスに吸盤を張り、ガラスを丸く切ってパカッと外し……というわけにはいくまい。長短さまざまな針金をドアの鍵穴に差し込んだりしたら、間違いなく逮捕され、大事なクリスマスの晩を留置所で過ごすことになる。最悪だ！

◆地獄のクリスマス

サンタクロースがどうやって各家庭に侵入しているのか、筆者にはちょっとわからない。その問題はどうにかクリアされたとして、サンタクロースが一晩で18億7200万人の子どもにプレゼントを配る方法を考えよう。

まず、彼に与えられた時間はどれくらいなのか。

できるだけ仕事を早く始めたいところだが、さすがに午後10時ぐらいまでは、13〜14歳といった年長の子どもたちが起きているだろう。また、朝もあまり遅いと、待ちかねた子どもたちが起き出してくるかもしれない。その危険な時間帯を回避して、サンタクロースは12月24日の午後10時から25日の午前5時まで活動すると仮定しよう。

単純計算すると、使える時間はわずか7時間。しかし、地球各地には時差があるから、西へ西へと進んでいけば、時刻を遡ることができる。日付変更線のすぐ西にあるキリバス共和国のライン諸島が24日の午後10時を迎えるとき、日付変更線の東にあるクック諸島やフランス領ポリネシアは23日の午後10時。それらの地域が25日の午前5時を迎えるのは、31時間後のことである。よってサンタクロースは、地球を西へ西へと進みながら、31時間かけてプレゼントを配ればよいことになる。おお、意外と時間があるぞ。

などと喜んでしまったが、18億7200万という人数を考えれば、浮かれている場合ではない。世界の陸地の面積は1億5千万㎢。砂漠や森林、農地や工業用地を除いて、陸地の5％に人家が広がっているとし、子どものいる家に14歳以下の子どもが平均二人いるとしたら、訪ねるべき家は9億3600万軒。これらが前述の面積に均等に散らばっているとすると、家々の平均間隔は79mとなる。すると、トナカイが走る総延長距離は7400万㎞。これを31時間で走破するスピードとはマッハ1960だ！　うっひょ〜、ものすごい〜。

こうなると、もう一軒一軒の家に入り、子どもたちの枕元にソッとプレゼントを……などという悠長なことはしていられない。ソリに乗ったまま、子どもたちの寝室の窓に向かってプレゼントをビュンビュン投げるしかないだろう。

え？　そんなコトをしたら窓ガラスが割れて、子どもが起きる？　いやいや、そんな穏やかな話ではすまないよ。現在サンタクロースはマッハ１９６０で高速移動中なのだ。プレゼントも彼といっしょにマッハ１９６０で運動しているのだから、その速度のままガラスを突き破り、部屋の壁や床に激突！　プレゼントの重量が５００ｇなら爆薬27ｔ分の破壊力となり、要するに家が大爆烈！　犠牲者多数、街は騒然、心待ちにしていたクリスマスは阿鼻叫喚の地獄絵と化す……。

◆サンタクロースがたくさんいたら？

ちょ、ちょっと待て。いくら科学的に考えたからといって、なぜこんなヘンな話になってしまうのか。全世界の子どもの皆さん、まことに申し訳ありません。

根源的に考え方を改めよう。一夜にして世界中の子どもにプレゼントを配るという難事業を一人でやろうとするからいかんのだ。サンタクロースは何人もいると考えてはどうか。

調べてみると、フィンランドにはサンタクロースたちが住むコルヴァトゥントゥリ山があるという。毎年12月24日の晩には、ここから何人ものサンタクロースが飛び立ち、子どもたちにプレゼントを配っているに違いない。その場合、何人のサンタクロースがいればいいのだろうか？

よく似た仕事に宅配便がある。そこで集配の方にお話を伺ったところ、忙しい時期には一日に10時間ほど配達するが、それでも１００個ちょっとが限界だという。宅配便の集配は、伝票を確

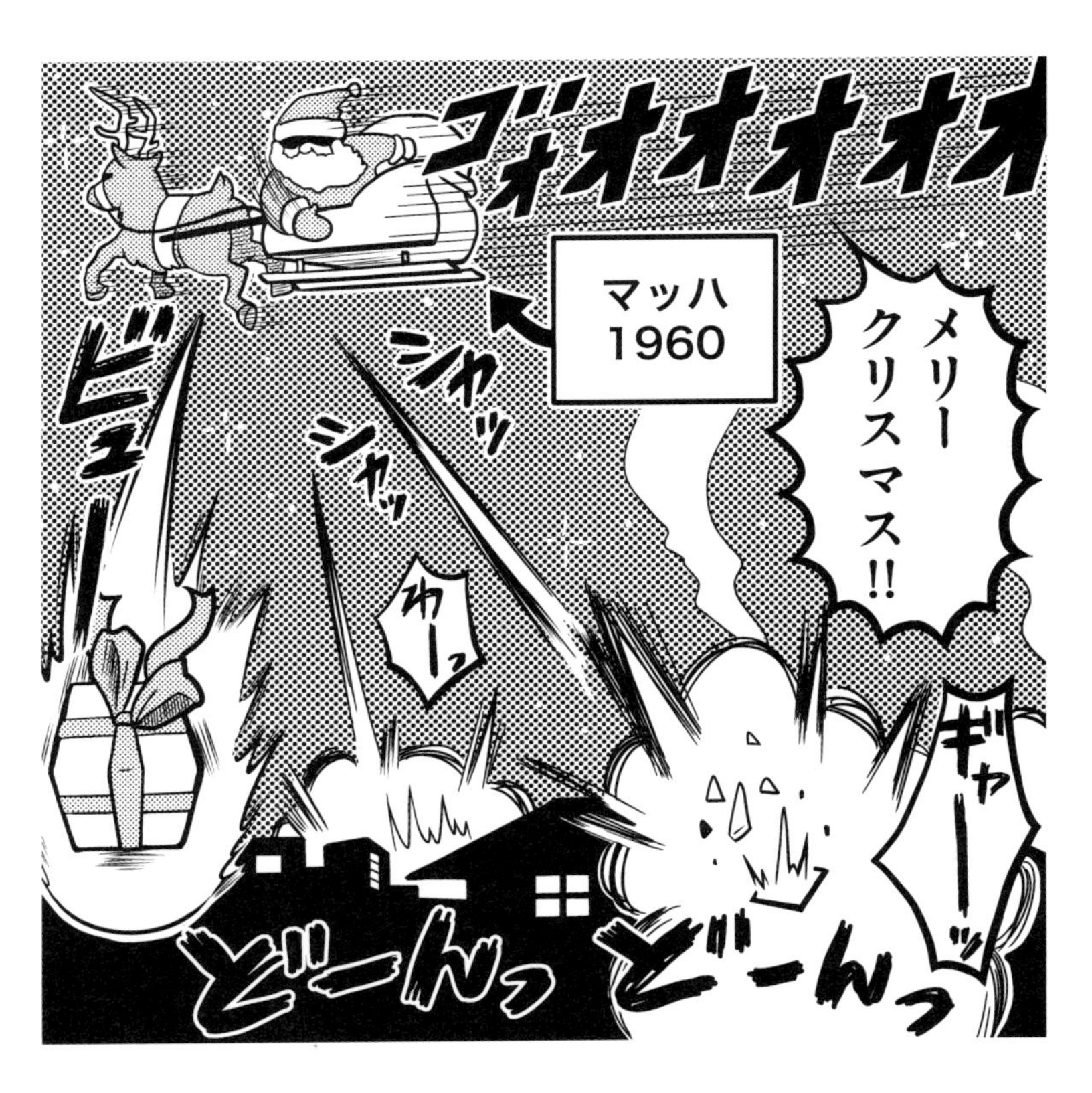

認したり、ハンコをもらったり、不在の場合は持ち帰って再び足を運ぶなど、大変な仕事だ。もちろん、人知れず子どもたちの枕元にプレゼントを置かねばならないサンタクロースの苦労も想像を絶する。そこで、同じように一時間に10軒ずつ訪れ、平均二人の子どもにプレゼントを渡すと考えよう。時差が使えないので、活動時間は10時から5時の7時間。労働時間としても適正だ。

　このていねいな作業に必要なサンタクロースの人数を計算し

てみると、ぬおっ、１３４０万人！　フィンランドの人口は５４３万人だから、全国民がサンタさんになってもまだ足りない。

　だったら、サンタクロースは世界各国にいると考えるしかないだろう。もちろん日本にもいて、普段は別の仕事をしているが、12月24日の夜になると、サンタクロースに変身するのだ。

　その場合、わが国には何人のサンタクロースがいるのか。日本の14歳以下の人口は２０１３年のデータで１６３９万人。すると、日本のサンタクロースは11万７千人。なんと、大人の千人に一人がサンタクロース！

　地域別に見ると、人口の最も多い東京都には、１万７００人のサンタクロースがいるはずだ。収容人数１万３千人の武道館を満席近くにする大軍勢である。人口最少の鳥取県でも５５７人。筆者の故郷、種子島にさえ33人。ええっ、そんなにいるなら、知人に一人ぐらいはいそうなものだ。誰だろう？　あの人かなあ。

　収容人数４万５６００人の東京ドームが満員になれば、手に汗握るサンタクロースは43人。一日に３６１万人が乗降する新宿駅では、毎朝３３７０人のサンタクロースが人波にもまれている！　いや〜、世の中サンタクロースだらけですなあ。子どもたちに夢を運ぶ人がこんなにいるとはすばらしい。読者のみなさんのなかにも、将来サンタクロースになる人がいるかもよ。

とっても気になるアニメの疑問

ヒーローが変身するとき、それまで着ていた服はどうなるのでしょう?

子どもの頃から不思議だったのは「人間がヒーローに変身したとき、それまで着ていた服はどうなったのか!?」という問題だ。脱いだのか? そのまま下に着ているのか? 肉体の一部になってしまったのか? 特にウルトラマンみたいに変身と同時に巨大化するヒーローは、人間サイズの服など絶対に着ていられないはずだが……。

この疑問に真正面から答えてくれた作品が、1972年に放送されたアニメ版の『デビルマン』だった。悪魔と合体した不動明が、人類滅亡を目論むデーモン族と戦う物語である。

変身シーンでは、高校生の不動明が「デッビ～ル!」と叫んで立ち上がるや、服がバリバリと

破れて飛び散る！　そして瞬間的に裸になった後、身長12m、体重307kgという堂々たる体躯のデビルマンが出現するのだ。

人間が12mにも巨大化したら、そりゃあ服も破れるでしょう！　理にかなった描写に、少年時代の筆者は深々とナットクしたのだった。

だが、服というものは、そう簡単に破れるものだろうか。ましてデビルマンのように、破れた服が細かい破片になって飛び散ったシーンなど、筆者はこれまでの人生で見たことがない。

どういうことだろう？　ここでは、デビルマンが、変身&巨大化するときに破れて飛び散る服の不思議を考えてみよう。

◆「一瞬で裸になる」は科学的に正しいか？

不動明がデビルマンに変身するとき、全身の服は細かい破片となり、一斉に飛び散る。まことに力強い変身シーンだ。

服の断裂と飛散は、一瞬で行われるように見える。だが、服のように柔らかいものは、バラバラの破片になって飛び散ることはない。どこか弱いところが裂けると、その裂け目が広がるようにして断裂していくはずだ。

デビルマンの服のようにバラバラになって飛散するのは、ガラスのように脆い材質の特徴だ。不動明は、ガラスの服を着ていた？　いくらなんでも、それはないだろう。

服のバラバラ化がアニメの演出だとしても、謎はまだある。服というものは種類や部分によって、伸び具合も強度も違うはずだ。すると、どこもかしこも、同時にバリバリッと破れるのではなく、破れる限界に達したところから、あっちがバリバリ、こっちがバリバリと、順を追って破れていくのではないだろうか。

そこで筆者は、自分が愛用していたＴシャツで実験してみた。「これも科学のためだ」と自分に言い聞かせながら、ハサミで首、袖、胸、腹のパーツに切り分け、それぞれを破れるまで引っ張って、破るのに必要な力と、破れる瞬間の長さを測定したのである。さらば、わがＴシャツ。おまえと俺は、ずっといっしょだった……。

この尊い犠牲は、次のように活かされる。不動明の身長を筆者と同じ1ｍ75㎝と仮定しよう。彼が身長12ｍに巨大化するまでに、首、腕、胸、腹も、それに応じて大きくなっていくだろう。そして全身各部のサイズが、Ｔシャツの各部が破れる大きさになった順に断裂していくはずだ。

Ｔシャツは、いつ、どこから破れていくのか。変身＆巨大化に1秒かかるとして、実験の結果から計算すると、次のようになる。

変身開始からの時間	その瞬間の身長	破れる箇所
0・36秒後	4m31cm	首が破れる
0・40秒後	4m85cm	胸が破れる
0・44秒後	5m25cm	袖が破れる
0・46秒後	5m51cm	腹が破れる

なんと、いずれの部位も身長が4m31cmから5m51cmに巨大化するあいだに破れている。最初に首が破れてから、最後に腹が破れるまでの時間差は、わずか0・1秒だ。これは人間が瞬きする時間である。Tシャツの破断は、この短い時間で完了するのだ。

これなら、普通の人間の目には、服が一瞬で飛び散ったように見えるだろう。デビルマンの変身は、やっぱり理にかなっているなあ。

◆変身は死ぬほどツライ!

理にかなっている点は喜ばしいが、実際に変身する不動明にとって、自分の巨大化によって服が破れるという事態は、生やさしいものではない。

前述の実験によれば、Tシャツの部位のうち、最初に破れるのは首の周りだった。逆にいえば、ぐんぐん巨大化する不動明は、まず首がキュ〜ッと絞まるということだ。

そして、破れる瞬間に、首にかかる力は９・２㎏。即死はするまいが、頸動脈がキツく絞まるため、気絶してしまう可能性は充分ある。変身の初期段階で気を失い、失神したまま身長12ｍになったりしたら、敵のデーモン族にやられ放題……。

さらに心配なのは、不動明がシャツだけを着ているわけではないことだ。たとえば、彼は幅の広い革のベルトを締めていた。革はほとんど伸び縮みしないし、強度も大きい。ベルトの幅を５㎝、厚みを５㎜とすると、これを断裂させるには１ｔもの力が必要だ。しかも、ゆで卵に糸を巻きつけて引っ張るとスッと切れるように、不動明の腹には、ベルトより強い力がかかる。これもテコの原理の一つで、腹は実に６・２８ｔの力で締めつけられる！

もちろん、靴も履いている。不動明の靴が革靴で、靴底が厚さ１㎝・幅10㎝の革でできていたとしよう。これを内部から前後に押し広げて破断させる力は４ｔ。当然、足が締めつけられる力も４ｔ。５本の足の指の骨が平均８００㎏の力で圧迫される。人間の大腿骨は８５０㎏に耐えるというが、それよりずっと細い足の指に８００㎏もの力がかかったら、骨折はまぬがれまい。

一連の実験と考察から想像できるのは、こういう光景だ。デーモン出現の知らせを聞いて、不動明は「デッビ〜ル！」と叫んで、変身と巨大化を開始。たちまち、首がムギュ〜ッと絞まって気を失いかけ、ベルトが腹部を締めつけて内臓が飛び出しそうになり、足の指もボキボキボキと骨折して、悶絶しているうちに変身完了。

すべてが終わったあと、そこに転がっているのは半死半生のデビルマンだ。そんな状態でデーモン族と戦えるのか!?

◆変身の前に、まず服を脱ごう

う〜ん、少年時代に科学的な描写と感動した「デビルマンの服ビリビリ」が、これほど苦渋に満ちていたとは。科学とはシビアなものだなあ。

いや、科学に限らず、これは経済的にも大変だ。Tシャツ、ズボン、ベルト、パンツ、靴下、靴。すべて買い揃えれば、1万円以上かかるだろう。変身のたびにそれらが台ナシ! 週一で変身するとしても、月に4〜5万円の出費だ。高校生の不動明に、そんなお金が出せるのか?

さらにマズいのは、変身した現場に、証拠の品々が残ることだ。ビリビリ破れた服の破片をそのままにして去ろうものなら、テレビ局がやってきて「この服を着ていた人を知りませんか?」などと、ヒーローの正体探しを始めるかもしれない。

正体を隠し通したければ、布切れ一片たりとも現場に残してはならない。戦いが終わった夕暮

れの町。息を整えるいとまもなく、掃除に励むデビルマン。もちろん、不動明に戻るとスッ裸になってしまうから、身長12mのままだ。果てしなくアヤシイ！

　これらを避けるには、やはり変身する前に服を脱いだほうがいいだろう。きちんとたたんでカバンにしまえば、まさか敵もそんな几帳面なヤツがデビルマンだとは思うまい。お金もかからないし、正体もばれないし、何より痛い思いをせずに済むと思います。

とっても気になるマンガの疑問

マリー・アントワネットは5日のうちに白髪になったそうです。本当でしょうか？

フランス革命を題材にした『ベルサイユのばら』は、すごいマンガだ。本書の第1巻でも紹介したが、1972年に連載されて爆発的にヒットし、現在でも毎年、宝塚歌劇団が舞台化するなど(なかなかチケットが取れない！)、40年以上にわたって根強い人気を誇っている。

これだけの存在感だからこそ引き起こしたといえるのが、この現象だ。作品中に「王妃マリー・アントワネットは、あまりの恐怖のために、わずか5日間のうちに、髪が真っ白になってしまった」というエピソードがある。『ベルばら』を熱心に読んだ世代には、それを事実と受け止めている人が大勢いるのだ。何を隠そう、中学時代から科学科学科学とうるさかったワタクシでさえも、完全に信じていた！

学校で「人は恐怖で白髪になる」と教わることはないし、アントワネットに関する歴史の本にも「5日で白髪になった」という記述はないらしい。

それでも多くの人が信じたのだから、物語の影響力はすごいなあと思う。では、実際はどうなのか？ ここでは「髪の毛が5日間で白髪になる可能性があるのか」を科学的に考えてみよう。

◆アントワネット様が白髪になったワケ

そもそも『ベルサイユのばら』において、王妃はなぜ白髪になったのか。事情はこうだ。

フランス革命まっ最中の1791年6月、国王一家はすでにベルサイユ宮殿からパリのテュイルリー宮に住居を移していたが、このまま革命が進めば、身に危険が迫ると思われた。そこで6月20日、一家は市民のフリをして、王妃の故国オーストリアへ、馬車で脱出を試みたのである。

国王一家が国を捨てて逃げ出すなど、あってはならないことだ。途中で見つかったら、死はまぬがれないだろう。一家は馬車のなかで、恐怖に震えていた。

そして実際、もう少しでオーストリアというところで、彼らは市民に見つかってしまう。一家の馬車を御していたのは、王妃アントワネットを心から慕うフェルゼン伯爵だったが、彼がパリで道に迷ってしまったのが原因だった。わちゃ〜、そんな大事なところでミスしたか〜。

こうして6月24日、一家はパリに連れ戻された。そのときのマリー・アントワネットについて、『ベルばら』のナレーションは、こう語っている。

「5日間の逃避行の恐怖はマリー・アントワネットの美しかったブロンドを老婆のような白髪にかえてしまっていた」

ここまでのできごとのうち、王妃が白髪になったこと以外は歴史上の事実である。そして、アントワネット様の立場になって想像するなら「髪の毛くらい白くなるかも」という気がする。見つかったら殺されると恐怖に震え続けたあげく、本当に見つかってしまったのだから……。

◆生えた髪の色は変わらない

そもそも、人が恐怖で白髪になってしまうことがあるのだろうか。

恐怖は、ストレスの原因になる。ストレスとは、不快な環境にさらされたために、体に変調が起こることだ。頭髪の症状でストレスと深い関連があるとされるのは、円形脱毛症。これはかなり短時間でも生じるといわれるから、アントワネット様の場合も、5日間の逃避行のうちに頭皮のあちこちが、おハゲになっても不思議はなかった。

円形脱毛症…!!
科学的に正しいストレスによる毛髪状態

一方、ストレスで白髪になるかどうかは、科学的には明らかにされていない。関係がありそうだ、といわれている段階だ。仮に、恐怖が髪を白髪に変える可能性があるとしても、科学的に不思議なのは、それがわずか5日で起こったことである。

髪の色を決定するのは、メラニンと呼ばれる物質だ。毛髪のメラニンは、毛根で髪といっしょに作られ、2種類がある。その種類と量の違いで、黒髪、栗色、金髪、赤毛などの色が決まる。

では、白髪とはどういうものか？　これは、すでに伸びた髪が白くなったものではない。メラニンは壊れにくいので、生えた髪の毛の色が大きく変わることはないのである。白髪とは、毛根がメラニンを作る力を失ったため、色を持たずに生えてくる髪のことだ。だから白髪は、生えてきたときからすでに白い。

ここから考えると、もし恐怖が王妃様の髪を白くしたとしても、白髪になるのは新たに伸びてきた部分だけのはずである。人間の髪の伸びる速さは、一日に０・３〜０・５㎜だから、６月20日から24日の５日間の恐怖によって生じた白髪は、最長でも２・５㎜。つまり、生え際がわずかに白くなったくらい……ということになる。

◆「5日で白髪に」が本当なら？

すると、王妃様の髪が50㎝だったとしたら、そのすべてが白髪に変わるまで、早くても千日。つまり3年近くかかる。３年経ってもオーストリアに着けないとは、フェルゼン伯爵はどんだけ道に迷ってんだ!?という話になるし、そもそも歴史の事実として逃避行は5日間なのだ。

結局、この問題はどう考えればいいのだろう？

ヒジョーに難しいが、無理やり考えるなら、王妃様は、髪の伸び方がモーレツに速かった、ということだろうか？　逃亡中の5日間で白髪が50㎝伸びるような特異体質だったら、髪全体が白髪になった印象を与えるかもしれない。

だが、それは普通の人の200倍もの毛髪力である。髪は皮膚が変化したものだから、髪が常人の200倍のスピードで伸びるなら、皮膚の細胞も常人の200倍のペースで新たに作られ、死滅するだろう。すなわち、一般人の200倍の勢いで王妃様の体はアカで汚れていく！

それだけではない。これは新陳代謝が常人の200倍も速いということだから、強烈にお腹が減るのではないか。人間の食事量は一日あたり1・6㎏といわれるから、王妃様のお食事は、その200倍で一日320㎏。5日分で1・6ｔ！

そんなに大量の料理を作るには、何十人もの料理人と数ｔの食材を抱えて逃げねばならないだろう。何十台もの馬車を連ね、その姿は絢爛豪華なパレードそのものに……。いやいや、そんなことしたら、フェルゼン伯爵が道に迷わなくても、秘密の逃亡はたちまちバレるっつうの。

――このように考えると、マリー・アントワネットの美しいブロンドが、たった5日で白髪になったというのは、物語の誇張かもしれないと思う。だが、『ベルばら』にあのシーンがあったからこそ、王妃の恐怖や絶望が胸に迫り、多くの読者が歴史を追体験できたのも事実だろう。歴史的にも文学的にも科学的にも『ベルサイユのばら』は、やはりすごいマンガだと思う。

とっても気になるマンガの疑問

『ONE PIECE』のゾロは三刀流。実際に、3本の刀を使いこなせますか？

ご存じロロノア・ゾロは、三刀流！　両手に2本の刀を握り、口に1本をくわえて戦う。まことにカッコいいが、そんなことが実際にできるのだろうか？

現実世界にも、2本以上の刀を使う剣の流派はある。宮本武蔵が開いた二天一流は、二刀流だ。また『宮本武蔵101の謎』(PHP文庫)によると、江戸時代初期に伊藤伴右衛門高豊という武士が三刀流を興していたという。なんと、三刀流は実在していた!?

しかしよく調べてみると、その三刀流は、腰に長さの違う3本の刀を差し、状況に応じて1本を選んで使うというもの。う〜ん、ゾロのように3本の刀を同時に使う流派は、残念ながら現実

には存在しないようだ。

でも、まあ、存在しないのも当然だろう。人間の腕は2本であり、両手に1本ずつ持ったら、それ以上は持てないのだから。この問題を、ゾロは口にもう1本くわえることで解決し、三刀流を実現している。だが口にくわえた刀が、戦いの役に立つのだろうか!?

◆1万円かけて実験してみた!

口で刀を操ることは、可能なのか。ちょっと考えただけでも無理そうな気もするが、何事も試してみなければわからない。

そこで、日本刀の通信販売サイトを探してみたところ……、ややっ、刀というのは高いのだなあ。本物の刀は60万円、80万円が当たり前。100万円を超えるものさえある。筆者の財力ではとても太刀打ちできません。

だが、形や重さを再現しただけの斬れない「模造刀」となると、なんとか買えそうなものがあった。銘は正宗、送料込み1万850円であった。

数日後、刀は届いた。箱から取り出した瞬間、筆者はゾロになりきった。敵の5人や10人、蹴散らせてしまえそうだ。

ところが、鞘を払って構えると、想像したよりずっと重い。量ってみたところ、９８０ｇ。プロ野球選手のバットが８５０ｇというから、それより重いことになる。

こ、こんなモノを、ゾロは口にくわえ、敵を斬ったり、敵の剣を受け止めたり、果てはくわえたまま会話したりしていたのか……。

ゾロになりきっていたはずなのに、実験する前から腰が引けてきた。おそるおそる、ゾロのように刀を横向きにして、柄を歯で噛む。そして、刀を支えていた手を放すと……、あだだだっ、歯が折れるぅ！

あわてて口から離したが、まだ歯茎がズキズキする。くわえたまま会話するなんて、とても無理。振り回すなど、考えただけで恐ろしい！

以上、実験終わり。１万８５０円を投じた実験は、１秒ももちませんでした〜。

◆ゾロはめちゃくちゃ歯が丈夫！

構えているだけでも苦しい状況で、戦っていたゾロ。恐るべき剣士である。

最もダメージが大きいのは、口の刀で敵の刀を受けたときだろう。想像してもらいたい。バットを口にくわえ、それを別のバットでぶっ叩かれるという事態を！

プロ野球選手の打撃は１ｔもの衝撃だという。さらにテコの原理で、歯にかかる衝撃は増大する。筆者の歯列の幅を計ると４㎝だった。敵の刀を受ける点から、口までの距離は70㎝ほどだ。すると、歯が受ける衝撃は、距離の比に反比例して17・5ｔ！　どっしぇ〜。そんな衝撃を受けたら、歯など１本も残らないだろう。

ゾロは19歳。その若さで総入れ歯になりたくなかったら、両手の刀を巧みに操って、なんとしても口の刀に敵の刀が当たるのだけは防がねばならない。いや、それでは本末転倒だ。何のために刀をくわえているのかわからん！

だが、初めて三刀流を披露したシーンで、ゾロは口の刀で敵の刀を同時に２本も受け止めた。この瞬間、ゾロの歯は17・5ｔの２倍、すなわち35ｔの衝撃を受けたことになる。それでも平然としていたからには、ゾロの噛む力は35ｔを超えたはずだ。これは、厚さ９㎜の鉄板を食いちぎれる超人的な力！　ゾロは噛みつきで戦っても充分強いぞ。

◆四刀流もオススメします

一般人には無理でも、ゾロが口で刀を扱えることはわかった。では、それが両手の二刀に加わったとき、攻撃力はどれほど増すのだろうか。

歯の安全のために、今度は軽い木の棒で試してみた。口の棒はゾロに倣って右方向に伸びるようにくわえ、両手にも1本ずつ棒を持って、振り回してみる。すると、ありゃっ、さっきから何度も、右腕が口にくわえた棒に当たっている。これが刀だったら、切れているところだ！

そうならないように気をつけて、再び振り回すと……、あうっ！　右手の棒で、口の棒を叩いてしまった。軽い木の棒とはいえ、じいい〜んと歯茎に響く。もしこれが刀だったら……。

これらの自滅を避けるためには、右手の刀は、口の刀と平行に振るしかないだろう。首の構造上、口の刀はほぼ水平にしか振れない。ということは、右手と口の刀は水平に動かすしかなく、縦に動かすことができるのは、左手の1本のみ。これでは、きわめて単調な攻撃しかできないのでは……？

ところが、ゾロは筆者などとはモノが違った。「三刀流剣技　其ノ壱　虎狩り」は、両手の刀を口にくわえた刀の後ろまで振りかぶり、垂直に振り下ろす技なのである。おお、豪快！　三刀流には、縦の動きもあるということだ。

しかし「虎狩り」にしても、両腕をくわえた刀の刃の直前まで持ってくることになる。研鑽を積んだゾロだからできるのであって、素人には危険きわまる。

もし初心者が三刀流を使うなら、３本目の刀は足につけたほうがいいのではないだろうか。刃

を上に向けて、柄を太股に縛りつけるのだ。これなら、自分の刀で自分を斬ることもないし、膝蹴りの要領で股を上げれば、敵の股間を下から斬り裂くといった攻撃も可能になる。

　足なら左右に2本つけられるから、おや、四刀流になるではないか。というわけで、筆者の研究によれば、三刀流より、四刀流が安全かつ強力。歯を大切にするためにも、ゾロにもオススメしたい。きっと、ますます強くなると思う。

とっても気になる特撮の疑問

悪の組織の作戦は、なぜ必ず失敗するのですか？

悪の組織が実行する世界征服作戦は、成功したためしがない。なぜだろう？　正義のヒーローが阻止するから、という面も確かにあるだろうが、それだけが理由なのだろうか。

この問題を考えるために、世界大犯罪組織シャドウによる「みかん買い占め作戦」を検証しよう。この作戦が実行されたのは、1973年から放送された特撮番組『キカイダー01』全46話中の第44話「ビジンダーの美しく悲しき別れ」。ビジンダーとは、劇中に登場する美しく強い女性型ロボットだ。

読者の皆さん！　すでにここまでの説明で、いろいろびっくりしてるでしょう？

「世界大犯罪組織」を標榜する集団が、みかんの買い占め!? おまけにタイトルから考えて、この作戦の重要度は、ビジンダーの恋にも及ばないらしい。最終回まで残すところ2回という大詰めで、ロボットの恋愛話よりどうでもいい作戦なんか、やってる場合なのか……などなど。

そのオドロキと不思議感、筆者もまったく同感である。

◆あまりにも遠大な計画

だが、第一印象に反して、これは意外にもスケールの大きな作戦だった。首領ビッグシャドウと参謀ザダムの展望は、次のとおりだ。

①みかんを買い占めて品薄にすれば、子どもたちはみかんを奪い合う。
②その結果、彼らは友達を憎み、他人を信用せず、自分のことしか考えなくなる。
③そういう子どもが成人すれば、争いだらけの世の中となり、世界は滅びる。

こうして整理してみると、スケールが大きいというより、どっちかといえば「気の長い作戦」ですな。彼らの思惑どおりに事が運んだとしても、効果が表れるのは、10年後、20年後だ。

しかし、作戦が始まるや否や、子どもたちはみかんをめぐってケンカを始める。その光景をモニターで見ながら、参謀ザダムは満面の笑みを浮かべて、首領に報告する。

「買い占めによる人間作り作戦は、大成功でございます」

うーん、喜ぶのはまだ早いと思うよ。壮大な計画の第一歩がうまくいっただけだろう。

そもそも、買い占める商品がなぜ、みかんなのか？

買い占めといえば『キカイダー01』の放映が始まった1973年、第一次石油ショックの影響で、買い占め、売り惜しみ、便乗値上げが横行し、大きな社会問題になった。当時、筆者は小学生。人々が洗剤やトイレットペーパーの買い溜めに殺到する姿が、連日ニュースで報道されたのを覚えている。

しかし、あれほどの騒ぎになったのは、洗剤やトイレットペーパーが生活必需品だったからだ。みかんで同じことが起こるかなあ？

◆その作戦に終わりはない！

みかんの買い占めが、どのように進められたか、具体的に見てみよう。

実行犯を務めたのは、ロボット・ハカイダーだ。彼は、数体のロボット戦闘員シャドウマンを率いて、みかんを積んだトラックの前に飛び出しては停車させ、運転手を追っ払う。そして運転席に陣取るや、勝ち誇ってこう言うのだ。「これが、オレたちの買い占めだ」。

いや、それは断じて買い占めとはいわん。ただのみかん強盗だ！

だいたいこんなやり方で、みかんを「買い占める」ことはできるのか？

２００９年のみかん出荷量は89万３４００ｔ。だが、これは近年みかんの生産が減少し続けてきた結果で、この作戦が放映された74年の流通量は、３０１万５千ｔだった。しかも農林水産省の統計では、76年には前年より51万８千ｔ、80年には前年より66万６千ｔも減少している。しかし筆者は、あの頃「みかんが少なくなったなあ」と感じた覚えはない。みかんをめぐって友達とケンカした記憶もない。

ということは、数十万ｔレベルの買い占めでは、何も起こらないのだろう。子どもたちの心を荒ませたいと思うなら、世界大犯罪組織シャドウは、年間流通量の半分の１５０万ｔほどは買い占めねばならないのではないか。

劇中、ハカイダーは２ｔトラックばかりを襲っていたが、１５０万ｔを手中に収めるには、２ｔトラック75万台を襲撃せねばならない。75台ではない。75万台だ！

いったいどんなペースでトラックを襲えばいいのか。大急ぎで計算してみると……わあっ、５分に１台のペースで強奪しても７年かかる！

ここだ、この作戦の問題点は。７年のあいだには当然、翌年、翌々年のみかんが出荷されてしまう。結局、ハカイダーの「買い占め」はいつまで経っても追いつかないということだ。この作戦は永遠に終わらない……。

◆それを独り相撲という

にもかかわらず、ハカイダーは、この未来のない作戦に熱心に取り組んだ。細かい状況の変化にも、機敏に対応した。

ある果物屋の少年が、友達に「お前のお父さんは、倉庫にみかんをたくさん隠して、売り惜しみをしているんだろう」と責められる。少年は「父ちゃんがそんなことをするはずはない」と主張するが、倉庫を開けてみると、みかんがギッシリ！

これもハカイダーの仕業であった。子どもたちのケンカをこっそり見ていた彼は、果物屋の少年が着せられた濡れ衣を、いつわりの事実とするために、密かに倉庫をみかんで満杯にしたのだ。少年と友達との心の溝を深め、親子の信頼関係にもヒビを入れる作戦だろう。

だが、ハカイダーの繊細な軌道修正は、裏目に出た。少年の父親は、キカイダー01の意見を取り入れて、翌日みかんを大安売りする。まあ、当然そうするよね。

仕入れ代もタダだったし、お客さんには喜んでもらえるし、父親はヱビス顔。少年も喜んで手

伝い、反省した友人たちも協力して、仲直り。みかん枯渇問題はめでたく解決し、物語は心おきなくビジンダーの恋愛問題へと推移していくのだった……。

こうして「みかん買い占め作戦」は失敗に終わった。正義のヒーロー・キカイダー01は作戦の存在さえ知らず、みかんの安売りを勧めただけ。それでも計画は潰えたのだから、いやあ、悪の組織の作戦がなぜ成功しないのか、よくわかりましたね。

とっても気になるドラマの疑問

「時間を止める」という超能力は、実現可能ですか？

昔からSF映画などには「時間を止める」超能力が登場してきた。もちろん、止めた本人だけは、静止した時間のなかを自由に動ける、というスバラシイ能力である。

これは、科学的には解明困難な現象だ。講演会などでも質問されたことがあるが、うまく答えられず、「目にも止まらぬ速さで動けるとしたら、その人にとっては時間が止まったように見えるかもしれませんが……」と歯切れの悪いコメントを返すのが精一杯だった。

ところが、テレビドラマ『SPEC』に、まったくそれと同じ現象が出てきたので、とても驚いた。「スペック」と呼ばれる特殊な能力を持つ者による犯罪に、警視庁未詳係の刑事たちが立ち向かう物語で、注目の能力を発揮したのは、二十一という意外な読み方をする名前の少年である。ここからは彼のことをニノマエと呼ぶことにしよう。

ニノマエのスペックは、指をパチンと鳴らすことで発動する。直後、周囲の人間も、発射された弾丸さえも、凍りついたように静止する。この世界で、ニノマエはひとり自由に行動し、形勢を逆転したり、殺人を犯したりする。

まるで時間を止められるかのようだが、そうではない。ニノマエのスペックは「周囲より速く流れる時間を生きる能力」だったのだ！

本稿ではこの能力について、具体的に考えてみよう。

◆時間の流れが40万倍も違う

劇中、警視庁の特務機関は、初めのうちニノマエのスペックを「時間を止める能力」と誤認していた。だが物語の終盤、ニノマエ本人が、未詳係の当麻紗綾刑事に真実を明かす。「君の世界と僕の世界の時間の流れは、違うんだよ」。

このとき当麻もすでに「あなたのスペックは、あたしたちの数万倍のスピードでこの世界を動き回る能力」と見抜いていた。また、別の登場人物も「僕たちの1秒間で、彼は何日も過ごしていたりする」と告げた。

つまり、ニノマエが指を鳴らすと、彼の時間は周囲より速く流れ始める。この結果、ニノマエには周囲のすべてが止まっているように見え、周囲にはニノマエが猛烈なスピードで動くように見える、ということらしい。

ではニノマエの時間は、具体的に周囲よりどれほど早く流れるのか。右の「1秒間で何日も過ごす」の「何日も」が、仮に「5日」のことだとすれば、5日は43万2千秒だから、ニノマエの時間は周囲より43万2千倍も早く過ぎることになる。ここでは、キリよく40万倍と考えることにしよう。

すると、ニノマエは常人の40万倍の速さで動き、ニノマエには周囲のすべてが40万分の1にノロく見えるわけだ。ニノマエが自分の時間において、普通の歩行速度の時速4kmで歩いても、周囲の人にとっては時速160万km！　東京から大阪まで高速道路に沿って473kmだが、ニノマエはこの距離を、たったの1・1秒で歩いてしまう！

またピストルの弾丸は、秒速400mほどだから、ニノマエにはこれが秒速1mmに見える。この遅さでは、1m飛ぶのに16分40秒もかかるから、ドラマの描写のとおり、完全に止まっているかのように見えるだろう。

◆野球ボールで東京を滅ぼせる！

ニノマエは、このスペックを使って、さまざまな超常現象を起こしてみせた。なかでも注目したいのは、以下に説明する「弾丸の逆進」だ。

何人もの敵が一斉にピストルを撃ってくる。ニノマエがパチンと指を鳴らすと、敵は凍ったように動かなくなり、弾丸も空中に静止する。ニノマエがこれらの弾丸を一つずつ指でクルリとひっくり返し、再び指を鳴らすと、弾丸は飛んできた方向へ返っていき、それぞれ発砲した本人に命中……！

これができたら、銃撃戦では無敵だろう。だが、よく考えると不思議な現象だ。弾丸はロケットのようにガスなどを噴射して飛ぶのではなく、発射された瞬間の勢いで飛んでいくものだ。よって、空中で向きを変えても、飛ぶ方向が逆転することはない。

それでも逆方向へ飛んだということは、ニノマエは弾丸の向きを変えると同時に、ちょっと指で弾いたのではないだろうか。これによって秒速1㎜の速度を与えれば、さっきの計算とは逆に、周囲の世界にとって弾丸は秒速400ｍで飛んでいくことになる。

ここからさらに考えれば、ニノマエはとんでもないことができそうだ。たとえば、彼が静止した世界の中で、野球ボールを時速80㎞で投げたとしよう。指を鳴らした瞬間、ボールはその40万倍、時速3200万km=マッハ2万6千で飛んでいく！　野球ボールとはいえ、こんな速度で激突したら爆薬1370t分の破壊力になる。1945年3月の東京大空襲で落とされた1783tの8割。なんとニノマエは、野球ボール5、6個で東京を壊滅させられるのだ。

◆人知れず、大苦労してるハズ！

だが、忘れてならないことがある。それは、ニノマエも「自分の時間を生きねばならない」ということだ。

前に述べたように、ニノマエは東京から大阪までたったの1・1秒で歩ける。でも、その1・1秒とは、外部の時間。ニノマエ自身は、その40万倍=5日間も歩き続けることになる。途中で嫌になるだろうが、新幹線は止まっているし、車を運転できたとしても、道路には他の車がギッシリ停まっているから、黙々と歩くしかない。つまり、周囲には一瞬で驚くべきことをやっているように見えても、本人はモノスゴク苦労するわけだ。

たとえば劇中、ニノマエの家を突き止めた当麻が、彼を玄関に呼び出して拳銃を向けたところ、次の瞬間、彼女は高層ビルの屋上に立たされていた！というシーンがあった。これなども、当麻は一瞬で運ばれたと思っているが、ニノマエは彼女の知らないところで相当にガンバったはずで

ある。
家からビルまで、かなりの距離があったと思われるが、電車もタクシーも止まっているから、自分と体格の変わらない当麻を担ぎ、テクテク歩くほかはなかっただろう。
そのうえ、当麻はピストルを構えたまま硬直している。このように担がれたり背負われたりすることに協力してくれない人間は、非常に重く感じられるものだ。ビルに着いたら着いたで、エレベーターも止まっているから、またも担ぎにくい当麻を担いで階段をエッチラオッチラ上り……モノスゴククたびれたハズ！

そして苦労したことがバレてはカッコ悪いから、しばらく休んで汗を拭い、息を整えてから、余裕の表情を作って、指をパチンと鳴らしたのだろう。劇中、当麻は驚いていたが、その表情を見て、ニノマエは「苦労した甲斐があった〜」とシミジミ喜んだのではないかなあ。

こんなニノマエのスペックは、いったいどういうときに役立つのだろうか。

たとえば学校に遅刻しそうなとき、指をパチンと鳴らせば、遅れて叱られることはない。だが、学校まで歩かねばならない点は同じだ。それどころか、電車通学していたら、指を鳴らせば電車も止まるから、すべての道のりを歩くことになる。早起きしたほうがよっぽどラクだ。

また、夏休みに一日2時間×40日でやっとできる宿題が出たとしよう。普通の生徒は通算で80時間かかるが、ニノマエなら0・72秒で完了！　もちろんこれも周囲の時間での話で、自分の時間で80時間勉強せねばならないことに変わりはない。ただし、ほぼ40日間まるまる遊べるのは、嬉しいかな。

優雅に泳いでいるように見えて、水面下で必死に足を掻く白鳥のように、余裕たっぷりに見えながら、自分の時間で苦労するニノマエ。人生、楽な道というものはないのだなあ。

とっても気になるマンガの疑問

『となりの関くん』で、授業中に遊んでいる関くんが、先生に見つからないのはなぜ？

書店で『となりの関くん』のポスターを見たときには、爆笑してしまった。「日本一の授業サボりマンガ」と書いてあったのだ。日本一も何も、そもそも「授業サボりマンガ」なんてものがあるの？

ところが、読んでみたら、看板に偽りなし。中学生の関くんが、授業中に自分の席でこっそり遊ぶだけのマンガなのに、ものすごくオモシロイのだ。

大きな声では言えないが、筆者も授業中、いつか作りたい巨大ロボットの設計図を描いたり、自分のテーマ曲を作詞作曲したりしたことが、何度もあります。

ただし、関くんの遊びはそんなレベルではない。長さ8㎝ほどの精密なゴルフクラブで難しいパットを狙ったり、机の上にバケツいっぱいの砂を盛って「棒倒し」をしたり。茶道にいそしんだ午後は、一輪挿しに桔梗を活け、壁に山水画の小さな掛け軸をかけて、小鳥のさえずりに耳を傾けながら、茶せんで点てたお茶を味わっていた。このヒト、何をやるにしても本格的なのだ！

授業中にそんなことをしていたら、普通はすぐ先生に見つかるだろう。しかし、なぜか見つからない。関くんの遊びを知っているのは、隣に座っている横井さんだけだ。

横井さんは、関くんの一人遊びが気になって仕方がない。先生に見つからないかとハラハラし、ときにはやめさせようとしながらも、いつしかその遊びの世界に引き込まれていく。その結果、見つかって叱られるのは、いつも横井さん……。

気の毒な横井さんのためにも考えたい。なぜ関くんは、先生に見つからないのか？

◆授業中にドミノ倒し

具体的に関くんの遊びを見てみよう。

マンガの第1話で熱中したのは、消しゴムによるドミノ倒しだった。コマに描かれている消しゴムを数えてみると、大小合わせて156個。関くんはこの大量の消しゴムを一つずつ、机いっぱいにていねいに並べていったのだ。シーソー、連続S字、立体交差、ロープウェイなど凝った仕掛けの連続で、ゴールすると、打ち上げ花火が上がる構えになっている……って、教室で打ち上げ花火をぶっ放す気⁉

横井さんも打ち上げ花火に気づき、「その仕掛けダメ‼」と心のなかで絶叫するが、もちろん授業中だから声には出せない。関くんが最初の消しゴムを倒して、いよいよドミノがスタートする。消しゴムはパタパタと倒れ、快調に仕掛けをクリアしていく。計算されつくした見事なドミノ倒しだ。そして156個の消しゴムはすべて倒れ、ついに打ち上げ花火へ！　教科書を頭にのせて机に伏せる横井さん。が、幸い花火は火を噴かなかった。関くんもそこは想像で補って楽しんだようだ。

横井さんが「ふ〜っ」と脱力して机に突っ伏すと、先生の叱声が飛ぶ。

「コラッ横井！　授業受ける気があるのか⁉」。横井さんが「私じゃなくて関くんが」と弁解する頃には、関くんはすべてを片づけ、机に教科書とノートを広げているのだった……。

不思議である。横井さんみたいに机に突っ伏したら、それは目立つかもしれない。だが、消しゴムを机いっぱいに広げてドミノ倒しをやっている関くんのほうが、よっぽど目立つだろう。なぜ先生は気づかない⁉

◆実際に、教室に行ってみた

関くんが先生に見つかりにくい理由は、確かにある。

彼の席は、先生から見ていちばん右のいちばん後ろで、教卓から最も遠いのだ。しかも関くんの前の席には、体の大きな前田くんが座っている。その前田くんが休んだ日、横井さんは独白した。「普段 関くんが遊んでいられるのも クラス一大柄な前田くんに隠れていられたから」。なるほど、関くんは前田くんの大きな背中に隠れて、至福の時間を楽しんでいたのか！

だが、本当にその位置関係で、前田くんの体は先生の視線をさえぎってくれるのか。確かめるために筆者は、ある中学校にお願いして、実際に教室を見せていただくことにした。

放課後の教室には、縦横6列ずつの机が静かに並んでいた。筆者が教卓に立ち、案内してくれた先生にお願いして、前田くんの席に座ってもらった。すると、見える。関くんの前の席にどれほど体の大きな人が座ろうが、関くんの机の上は教卓から丸見え！

考えてみれば当然だ。教卓から見ると、関くんの席は右斜め前方にあるから、その前に大きな前田くんが座っていても、先生の視線をさえぎることはできない。できるとしたら、前田くんが関くんと先生の中間点に座った場合である。そこで先生に無理を言って、いくつかの席に座っていただいたところ、関くんの机の上を隠せるポイントが見つかった。それは、関くんの席から見て、右に1列目、前に3列目。しかも、椅子を大きく後ろに下げた場合に限られる。

その場合でも、前田くんが非常に大きくないと、ドミノ倒しで使った花火までは隠せそうにない。持参した巻尺で測ってみたところ、先生から関くんの机の中心まで5m19cm、前述した中間点の前田くんまで2m95cm。机の高さは76cm。マンガのコマで測ると、花火の最上部の高さは、机の面から22cmである。

これらを元に計算すると、花火を隠すには、前田くんの肩の高さが1m26cmを超えていなければならないことになる。座ってそのサイズということは、立ち上がると身長は2m8cm。デカイ！　筆者の尊敬するプロレスラー・ジャイアント馬場より1cm低いだけだ。う〜ん、劇中の前田くんは、そこまで大きくはなさそうだが……。

◆キミは「机間巡視」を知っているか!?

計測を終えると、案内してくれた先生がお尋ねになった。「いったい何を測っているのですか？」言われてみれば、なるほど不思議でしょう。

怪しまれても困るので、筆者は『となりの関くん』の説明をした。先生は興味深そうに聞いていたが「遊んでいるのは関くんなのに、叱られるのは横井さん」というところまで説明すると、

「ああ、ありますね、そういうこと」。ええっ、あるんですか!?　「はい。よくあります。叱ってしまった生徒に申し訳なくて」。そうか～、横井さんの描写はリアルだったのか～。

念のために、先生に教卓からどこがいちばん見えにくいかを尋ねてみた。「教卓からだと、真ん中の列のいちばん後ろですね」。なるほど、その前の生徒の体は、先生からは真正面になるから、確かに後ろの席は見えにくいだろう。

「でも教員は、いつも教卓にいるわけではありません」と前置きして、先生はオソロシイことをおっしゃった。

「教員は、生徒の状況を把握するために、机の間を回る『机間巡視』をします」

き、机間巡視！　授業中に先生が歩き回るのは、単にウロウロしているのではなく、そんなイカツイ専門用語まである教育的行為だったの!?　う～む、想像もしなかった～。

先生は続ける。「しかも、生徒には絶対にヒミツなのですが」。えっ、まだあるの？「教室のなかには、すべての机を見わたせる秘密のポイントがいくつかあります」。

うわ～っ、そんなものまで？　もう勘弁してください～。

どうやら先生方は、授業中の生徒の状況を把握することに、われわれが思う以上の情熱を注いでいるようだ。生徒のみなさん、油断は禁物ですぞ。

すると、なぜ関くんの遊びが見つからないのか、ますます不思議になってくる。机の位置を巧みに調節したとしても、机間巡視をされたら、打つ手はない。だったら、これまで見つからなかったのは、偶然の連続ということ……？

どうやら関くんのような幸運に恵まれない限り、授業中に遊んでいれば、確実に見つかるようだ。やっぱり授業は、マジメに受けたほうがよさそうです。

とっても気になる特撮の疑問

ゴジラとガメラが戦ったら、どちらが勝ちますか？

ゴジラとガメラは、どちらが強いのか？　両方の怪獣映画を見ながら育った筆者の世代にとって、まことに気になる問題だ。

子どもの頃は、これについて友人たちと何度も議論したが、もちろん結論が出ることはなかった。ゴジラ派もガメラ派も、いろいろな理由を持ち出しては、自分たちの好きな怪獣が絶対に勝つ！と主張して譲らないからだ。そしていつも最後は「実際に戦ってみなければわからない」と言って物別れに終わるのだが、この両雄が実際に戦うことはなかった。『ゴジラ』シリーズと『ガメラ』シリーズは、映画を製作している会社が違うなどの事情があったからだ。

そこでいま、科学の力で、この二大怪獣が戦ったらどうなるかを考えてみよう。勝負は時の運とも言うから、強弱を断定することはできないが、戦いの行方ぐらいは予想できるはずだ。

◆ぶつかったらゴジラが圧勝

というわけで、まずは選手の紹介から。両者とも、シリーズが進むにつれて体格や能力が変わっていったので、ここでは初代ゴジラと初代ガメラに出場してもらおう。

ゴジラは、ビキニ環礁の水爆実験で巨大化した太古の生物で、口から放射能火炎を吐く。『ゴジラ』シリーズは、昭和期に15作、平成に入って13作の映画が作られた。初代ゴジラの身長は50m、体重は2万tだ。

対するガメラは、カメによく似た外見ながら、手足を引っ込めてジェット噴射で飛行する。その速度はマッハ3。『ガメラ』シリーズは、昭和期に8作、平成に4作が作られている。初代ガメラの身長は60m、体重は80tである。

注目したいのは、両者の体格差だ。ゴジラの「50m・2万t」に対し、ガメラは「60m・80t」。ガメラのほうが体は大きいのに、体重はゴジラのほうが250倍も重い！

これはどちらが科学的に納得できる設定なのか？　前著『ジュニア空想科学読本①』で詳しく

紹介したが、彼らの体が実在の生物と同じ物質でできていると仮定し、２匹の人形を元に、ゴジラが50m、ガメラが60mになった場合の「適正な体重」を算出してみた。すると、ゴジラの適正体重は1万２５００t、ガメラは３万1千tとなる。ゴジラの体重２万tはその1・６倍であり、ガメラの80tは０・００２６倍しかない。つまりゴジラは重すぎるし、ガメラは軽すぎる！

これほどの体重差でぶつかり合ったら、勝負は一瞬で決まる。正面から激突した場合、ガメラのほうが一方的に弾き飛ばされるのはいうまでもない。

ゴジラが時速50kmで突進してくるとき、ガメラがマッハ３でこれに体当たりしたとしても、ゴジラが時速34kmに速度を落とすだけなのに対し、ガメラは時速４１０kmで跳ね返され、３２０m後方に落下する！　あまりに体重差があるため、肉弾戦でガメラに勝ち目はないのだ。

◆ゴジラとガメラの空中戦！

だが、実際の戦いとなれば、ガメラは当然、その飛行能力を活かし、口から炎を吐いて空中から攻撃するだろう。

対するゴジラは空を飛べないから、するとグッと不利になる？　いや、実はこの怪獣王も一度だけ空を飛んだことがある。映画『ゴジラ対ヘドラ』で、空を飛んで逃げた公害怪獣ヘドラを追って、口から放射能火炎を吐き、その反作用で後ろ向きにヒョロロ〜ンと飛んだのだ!

口から吐く火炎を使って、後ろ向きに飛ぶ。あまりの珍妙な飛び方に、初めて見たときにはわが目を疑ったものである。

だが、いまは外見を気にしている場合ではない。ゴジラは、上空のガメラの位置を確認するやクルリと背を向け、放射能火炎を吐いて離陸するだろう。そして、後ろ向きのまま火炎を吐き続け、ぐんぐんガメラに迫る!

ゴジラが奇妙な体勢で追ってくるのに気づいたガメラは、ギョッと驚くに違いない。が、驚くだけの話だ。後ろ向きに飛ぶゴジラには、目指すガメラの姿は見えないし、後ろを見ようと首を曲げると、火炎の向きが変わり、飛ぶ方向も変わってしまう。

そもそも、目下のゴジラは武器となる放射能火炎を、空を飛ぶのに使ってしまっている。攻撃がまったくできず、つまり丸腰で相手に接近しただけ!

こうなるとガメラが有利だ。脚からのジェット噴射で飛ぶガメラは、炎を吐く口はフリーだから、迫ってきた丸腰ゴジラに火炎を浴びせかけて、この怪獣王に圧勝……いや、それは可能か!?

火のついたロウソクを動かすと、炎は動かした方向と逆方向にたなびく。空を飛びながら火を吐く場合も同じことが起こる。つまりガメラが正面に向かって炎を吐きながら飛ぶと、自分が吐いた炎の中に突っ込むことになる。その火炎に威力があればあるほど、ダメージも大きい！

◆ポイントはガメラの持久力だ

自分が吐いた炎で焼き肉になるのを避けるには、ガメラはゴジラと空中ですれ違いざま、横向きに火炎を吐くべきだろう。そして、さっと空の彼方に飛び去る。これを繰り返すのだ。

ゴジラも、丸腰で空中をウロウロしてガメラの炎を浴びるより、地上にドッシリ構えて放射能火炎を吐いたほうがマシだろう。

大空を超高速で飛び回るガメラを、ゴジラの火炎がサーチライトのように追う。見応えのある地対空決戦となるに違いない。

放射能火炎がガメラを捉えれば、ゴジラが勝つだろう。だがマッハ3とは、1km彼方からわずか1秒で迫る速さだ。ガメラの高速ヒット&アウェイ戦法が功を奏すれば、ガメラに勝機がある。

問題は、ガメラがこの攻撃をどれほど続けられるか、だ。

怪獣図鑑などには、ガメラは石油にして「ドラム缶500本分の炎を吐く」とある。ドラム缶の容量は1本200Lほどで、石油の密度は1Lあたり0・8kgだから、ドラム缶500本分の石油とは、重量にして80t。えっ、ガメラ自身の体重とまるっきり同じ!?

なぜ体重80tのガメラが石油80t分の炎を吐けるのか不思議だが、それを使い切る前にゴジラを倒せるかどうかが、勝敗の鍵となる。全部吐き切ってしまったら、計算の上ではガメラは消滅してしまうわけだし。

もし一回の攻撃でドラム缶50本分の火炎を吐くとしたら、ガメラに与えられたヒット＆アウェイの回数は10回。一回に100本分の火炎なら、回数は5回。宿命の対決は、ガメラが限られた攻撃回数をどう使うかにかかっている。

とっても気になるアニメの疑問

『ハートキャッチプリキュア！』の花咲つぼみの夢は、砂漠をお花畑に変えることです。可能ですか？

プリキュアシリーズ第7弾『ハートキャッチプリキュア！』は、環境問題への意識がモーレツに高まる番組であった。

主人公の花咲つぼみは、シャイで引っ込み思案な中学2年生。史上最弱のプリキュアと言われながらも、キュアブロッサムに変身し、3人の仲間といっしょに戦う。敵は、砂漠の使徒。その野望は、地球と人間の心を砂漠化することだ。

つぼみは、おばあさんが植物学者で、両親が花屋さん。変身のセリフも「大地に咲く一輪の花、キュアブロッサム！」、必殺技のかけ声も「花よ輝け！」など、花に関係の深いヒロインだ。そして、そんな彼女の夢は、植物学者になって世界中の砂漠をお花畑にすること。
すばらしい夢だと思うが、実現することはできるのだろうか。

◆水撒きに忙しくて、戦ってる時間はない！

そもそも砂漠とは、どんなところなのだろう。
砂漠というと「どこまでも続く砂の平原」というイメージがあるが、必ずしもそうではない。岩だらけの荒れ地もあれば、まばらに植物が生えた土地もある。砂漠の定義はさまざまで「年間降水量が２５０㎜以下(日本の平均降水量の７分の１くらい)」「降水量より蒸発量が多い」などがある。

つぼみは、そうした地域をお花畑にしようというのである。しかし、これは大変なことだ。『理科年表』に載っている12の大きな砂漠だけで、その合計面積は２６００万㎢になる。日本の面積の70倍。全世界の陸地の18％だ。

もちろん、世界に砂漠はもっとあるし、それどころか国際連合食糧農業機関(ＦＡＯ)は毎年６万㎢もの陸地が砂漠化しており、陸地の41％が砂漠化の影響を受けていると試算している。

砂漠化の原因には、温暖化などによる環境の変化や、森林の伐採など人間によるものがある。

温暖化も人間の活動の結果だから、地球の砂漠化はわれわれ人間のせいといっていい。

だからこそ、つぼみの夢は人類全体の夢でもあり、ぜひ実現してほしいと思う。だが、こんなに広大な砂漠をお花畑にすることなど、できるのだろうか。

砂漠の緑化に必要なのは、とにもかくにも「水」である。砂漠は気温が高く、日差しも強いので、水が少ないことを除けば、本来は植物の生育に適した土地なのだ。だから、砂漠のなかでも川やオアシスの近くでは、古くから農業が行われてきた。

といっても、ただ水を撒けばいいというものでもない。砂漠の地下には塩分の多い層がある。不用意に水を撒くと、細かい隙間が水を吸い上げる「毛管現象」で、水に溶けた塩分が地表に上がってきて、植物は生育できなくなる。実際に砂漠の緑化に取り組んでいる人たちは、紙オムツにも使われている保水力の高いプラスチックや、水を蓄えるセラミックスを地下に埋め、塩分を吸い上げないようにしたうえで水を撒き、植物を育てている。

う〜む、これは大変だ。お花畑にする面積を、12大砂漠の２６００万㎢としても、その広大な面積にプラスチックやセラミックスを埋めるだけで、たいへんな時間と手間がかかるだろう。

それをなんとかやり遂げたとしても、「水を撒く」という作業が待っている。ここでは、２６００万㎢の砂漠に、砂漠の定義の一つである「年間降水量２５０㎜以下」の２倍、降水量５００

㎜にあたる水を１年で撒くとしよう。すると、つぼみが撒く水は……ぎょぎょっ、13兆ｔ!?

これはもう、恐るべき大事業だ。プリキュアの４人で分担しても、一人が一日に89億ｔの水を１万８千㎢に撒かねばならない。１万８千㎢とは、四国の面積とほぼ同じ。砂漠の使徒と戦っているヒマなど全然ない。すると、ああ、地球と人の心に砂漠が広がってしまう！

◆巨大化すれば大丈夫……かな？

いくらプリキュアでも、これはムリか……とあきらめかけたが、その最終回を見て、筆者には新たな希望がわいた。このとき、敵は途方もなく巨大化し、自分が立っている星から地球にパンチを見舞うというオドロキの暴挙に出た。その身長は、たぶん５千㎞以上。これに対して、プリキュアの４人は「宇宙に咲く大輪の花！」と叫んで合体。「無限シルエット」と呼ばれる超巨大な姿に変身した。その身長は、おそらく４千㎞くらい……！

４千㎞とは地球の直径の３分の１。ちょっともう、想像するのさえ難しい巨大化っぷりであり、なぜこんなことができるのか、科学的にはサッパリわかりません。でも、理由はどうあれ、こんなに大きくなれるとしたら、13兆ｔの水撒きも可能ではないだろうか。

計算してみると、無限シルエットとなったプリキュアたちにとって、砂漠の面積２６００万㎢

とは、普通の人間にとっての4・1㎡＝畳約2・5枚分。そして13兆tの水とは0・83㎖、水滴にして17滴ほどの量だ。

うっひょ〜っ、こりゃあホントに超カンタン！　人間が畳2・5枚分の面積に、17滴の水を撒くのなんて、10秒もあれば終わってしまうだろう。

とヌカ喜びしてしまったが、ちょっと待て。それはあくまでも人間にたとえたときの話だ。実際には13兆tもの水をたった10秒で撒くのだから、大変なことになるのでは？

気象庁のHPによると、最も強い雨の表現は「猛烈な雨」で、これは「一時間に80㎜以上の雨」が降ることを指す。これが「狭い範囲に数時間にわたり強く降り、１００㎜から数百㎜の雨量をもたらす雨」になると「集中豪雨」と表現される。

巨大プリキュアの水撒きを、一時間あたりの降水量に直すと、なんと18万㎜！　いまだかつてない激烈な集中豪雨となり、大洪水が発生するだろう。いや、そんなレベルでは済まず、雨によって土地が削られ、地形が変わってしまうかもしれない。せっかく埋めた保水材もセラミックスも流され、地下の塩分も盛大に溶け出して、砂漠とその周辺地域は完膚なきまでに大全滅。緑化を目指したつもりが、たぶん砂漠よりもひどい不毛の地になる……。

そうならないように、水は毎日少しずつ撒くべきだ。一日に撒く量は、人間の感覚でいえば

0・0023mL。う〜ん。今度は少なすぎて、均等に撒くのは難しそうだ。なかなか苦労が絶えんなあ、プリキュアも。

◆おこづかいが足りない!

これらの艱難辛苦を乗り越え、穏やかに水を撒くことができる見通しが立ったとしよう。ここまできたら、つぼみは、砂漠の環境に合った花を選び、時期を選んで種蒔きをすればいい。では、どんな花の種を蒔けばいいのだろうか?

水は撒くとしても、やはり乾

燥に強いものを探したほうがいいだろう。条件に合いそうな花を探すと、赤や白の花を咲かせるゼラニウム、黄色い絨毯のようなメキシコマンネングサ、赤紫のマツバギク、色とりどりのハナスベリヒユなどがある。きれいなお花畑になりそうだ。

しかし、その費用はいくらかかるのか？　右の花々の種の値段を調べたが、筆者にはデータが見つけられなかった。代わりに身近なマリーゴールドで考えよう。

マリーゴールドは、黄色やオレンジなど、鮮やかな色の花が咲くキク科の植物だ。育てやすいので、学校の花壇でもよく見かける。種の値段は、１００㎡に蒔く分で１１５５円。２６００万㎢に蒔くための種の値段とは、ぎょぎょぎょっ、３００兆円！

た、高い！　日本の国家予算の３年分である。つぼみは中学２年生だから、おこづかいだって、せいぜい数千円だろう。身長４千㎞に巨大化できても、これぱかりはどうにもならないか……。

世界中の砂漠をお花畑にするというつぼみの夢は、花の種代が最大の難関だ。これがホントの高嶺の花、いや、高値の花というべきか。しかし、絶望は愚者の結論。植物学者になって大量の種子をつける花を開発するなど、つぼみには頑張ってもらいたい。

とっても気になるアニメの疑問

『イナズマイレブン』では、試合に負けた学校が校舎を壊されました。どういうことでしょう?

どういうことかと聞きたいのは、筆者も同じである。

『イナズマイレブン』は、ゲーム、アニメ、マンガとさまざまに展開しているが、共通したキャッチフレーズは「これが超次元サッカーだ!」。その名のとおり、通常のサッカーでは考えられないことが、次々と起こる。天高く選手が跳び上がったり、炎とともにボールを蹴ったり、キーパーの手から光り輝く巨大な手が現れてボールを止めたり……。

そんな超次元的なコトが起こるのは、試合中ばかりではない。アニメ版『イナズマイレブン』第1話を見たとき、筆者は腰が抜けるほど驚いた。

その冒頭では、帝国学園サッカー部が、いかに恐ろしいチームであるかが、これでもかと描かれた。全国中学サッカー大会で、なんと40年間も優勝を続ける超強豪校！　絶対的な権力を振う影山零治は「総帥」と呼ばれる。中学校なのに!?　そして練習試合では、強烈なシュートが相手チームの選手たちをはじき飛ばし、地面を深々とえぐる。試合終了のホイッスルが鳴り、勝者は帝国学園、スコアはなんと13―0！

練習試合についてきていた影山は、ガックリ両手と膝をついた相手校の校長先生にこう言う。
「お前たちは敗れた。帝国のやり方は覚えているな」。校長先生は「ううっ」と呻くばかり。

その顔の前に影山は「解体許可証」と書かれた紙をハラリと落とす。そして「敗者に存在価値はない」と言い捨てると、キャプテンの鬼道有人が「やれ！」と叫ぶ。直後、帝国学園の旗を掲げた移動用のバスが校舎に激突！　もうもうと上がる土煙のなか、校舎は次々に崩れ落ちていくのだった……。

な、なんスか、これ!?　練習試合に勝ったという理由で、相手校の校舎を破壊!?　しかも、その手段はバス!?　いったいどうなってんの～!?

◆どれだけの学校が壊された？

サッカーの練習試合で負けると、校舎を破壊される。一般の生徒にとっては、とんでもなく迷惑な話だ。壊すなら、せめてサッカー部の部室にしてもらいたいが……。いや、部室であっても、試合の勝ち負けで壊したりしたらダメだろう。

影山の「帝国のやり方は覚えているな」というセリフから考えると、帝国学園はこんな凶行を何度も繰り返してきたのだろう。他の学校は、こういう無法な行いをしてきた学校と、なぜ練習試合をしようと思うかなあ？　しかも相手は40年間無敗。普通は、対戦を断らないか？

疑問は尽きないが、ともかく主人公・円堂守が属する雷門中サッカー部は、この帝国学園と練習試合をすることになった。理事長の娘・雷門夏未は、キャプテンの円堂に通告する。「試合に勝てなかった場合、サッカー部は廃部。決定事項よ」。

この試合は、学校側が、ロクに練習をしないサッカー部にしびれを切らし、予算の削減のためにサッカー部を潰そうと考えて組んだものらしい。でも、夏未お嬢さま、コトはそれだけで済まないよ。負けたら学校を破壊されるんだよ〜。

夏未お嬢さんのためにも、帝国学園がこれまでどれほどの学校を破壊してきたのか、計算してみよう。強豪校だから、練習試合を年間50試合やるとすると、40年間で2千校。２０１６年現在、東京都にある中学校は８０８校だから、帝国学園が都内の学校と試合をしてきたとしたら、一校が平均2・5回ずつ壊されていることになる。うひゃ〜、なんて迷惑な学校なんだ!?

◆バス一台で校舎を壊せるか?

雷門vs帝国の試合がどうなったかはアニメで確認してもらうとして、筆者が気になるのは、バスで校舎を壊したという劇中の事実だ。鉄筋コンクリートの校舎にバスがぶつかったら、普通はバスのほうが壊れるような気がするんだけど。

前述したように、校舎の破壊に使われたのは、サッカー部の移動用バスだ。そのバスには窓もなく、外観はまるで装甲車だった。全体に、むちゃくちゃ頑丈に作られているのだろう。

では、途轍もなく頑丈なバスがぶつかれば、鉄筋コンクリートの校舎が壊れるのか。それは校舎の構造と強度にもよるだろう。そこで筆者は『となりの関くん』の教室測定でお世話になった中学校に、再び視察を申し込んだ。先生は「またですか〜」という顔をされたようにも見えたが、きっと筆者の気のせいに違いない。

測定すると、校舎の柱は一辺90㎝、壁の厚さは20㎝。さらに壁の下には高さ77㎝、厚さ70㎝の直方体が、柱と柱のあいだに伸びている。これは、壁や床を支える「基礎」だ。

帝国学園のバスは、これらを砕氷船のようにバリバリ砕き、教室の壁をぶち抜いて、教室の床

もバリバリ砕くのだろう。校舎を横断すると、反対側の柱・壁・基礎に突き当たるから、これらも破らねばならん。想像以上に大変そうだ。
普通に考えれば、ぶつかっては止まり、バックして再びぶつかっては止まることを根気強く繰り返すしかないだろう。当然、このバスには運転手がいたはずで、「何の因果でこんな仕事を……」と唇を噛みつつ業務に励んだに違いない。おまけに中学生に「やれ！」などと命令されて。運転手さんの心情、想像

するに余りある。

実際にバス一台でそんなことをすると、どういうことが起こるだろうか。思うに、黙々と作業を続けていくと、ギリギリで校舎を支えていた最後の柱が壊れた瞬間、梁や天井がドドド～ッと崩れるだろう。やった、目的達成！などと喜んでいる場合ではない。落下してくるコンクリートの塊にバスは埋もれ、身動きできなくなる。ハンドルに突っ伏す運転手さん。胸のポケットから、家族の写真がはらりと落ちる……。

こうして、移動用のバスを失った帝国イレブンと影山は、トボトボ歩いて帰るしかない。彼らに関しては、自業自得である。

◆ちょっと乗りたい、帝国学園のバス！

ええと、いつの間にか妄想の世界をさまよい歩いてしまった。もちろん劇中で、そんなことが起こっていたわけではない。

帝国学園のバスは、何の苦もなく校舎を破壊していた。次々に崩れゆく校舎は、もうもうたる土煙に包まれ、バスが校舎を破壊する状況が確認できないほどだ。筆者が視察した校舎の構造と照らし合わせれば、バスは二組の柱・壁・基礎、廊下と教室の床、屋内の壁、これらを一撃でぶち抜き、校舎が崩落する前に突き抜けたと思われる。

これを実際にやるには、猛烈なスピードが必要だ。帝国学園サッカー部のバスが、公道を走行できる最大のサイズと重量だったとすれば、高さ3・8m、幅2・5m、全長12m、重量20t。バスの天井と、校舎の2階を支える梁の高低差は50㎝となる。

この場合、すべてを破壊するための速度とは、時速116㎞。だが、壊しただけでは、バスは崩落した校舎に埋もれてしまうから、その前に反対側まで走り抜ける必要がある。崩れた2階の床が、バスの屋根に落ちてくるまで、0・3秒しかない。校舎を壊したうえで、この間に走り抜けるための速度とは、時速178㎞！

あれっ。普通のバスには無理だが、決して自動車に出せない速度ではない。ということは、猛烈に頑丈でパワフルな20tのバスがあれば、校舎を壊すことも不可能ではないってこと!?

う〜む、われながら驚く結論である。もちろん帝国学園のバスを褒め称えるつもりはないんだけど……。

いろんな意味で「どういうコトでしょう？」と聞きたい『イナズマイレブン』の世界なのだった。やはり超次元、恐るべし！

とっても気になる特撮の疑問

スーパー戦隊とウルトラマン。戦うとどちらが勝ちますか？

筆者は読者の皆さんから、たくさん質問をいただく。「確かに気になる」と思う質問は、すぐに研究するのだが、なかには「ちょっと気になるけど、結果は予想がつくからなあ」と考えて、長く手をつけなかった質問もある。

その代表例が「スーパー戦隊とウルトラマンは、どちらが強いのですか？」という質問だ。

たとえば、スーパー戦隊シリーズの第37作に『獣電戦隊キョウリュウジャー』がある。キョウリュウジャーは、主人公・桐生ダイゴを中心に、5人のメンバーがカラフルなスーツに身を包んで悪と戦う。

対するウルトラマンは、M78星雲からやってきた正義の宇宙人。その身長は40m、体重は3万5千t。マッハ5で空を飛び、手から必殺・スペシウム光線を放つ。

体の大きさも、攻撃力も、ウルトラマンが戦隊を圧倒している。ウルトラマンには「地球上では3分間しか戦えない」という弱点があるが、スペシウム光線をしゅばばば〜と浴びせかければ、人間サイズの5人組を倒すのはカンタンだろう。筆者はそう思い込んでいた。

ところが、ある点に着目すると、そう簡単な話でもなさそうなのである。勝負の行方は案外わからない、いや、ひょっとしたら戦隊のほうが有利かも……という気がしてきた。

その点とは、両者の登場シーンである。

◆戦隊ヒーローの自己紹介

まず、ウルトラマンの登場シーンを見てみよう。

科学特捜隊のハヤタ隊員が制服のポケットからベータカプセルを取り出し、右手で高く掲げる。ボタンを押すと、フラッシュビームがまぶしく輝き、光のなかからウルトラマンが現れる。変身を決意してからここまで、3秒！

一方、獣電戦隊キョウリュウジャーの登場シーンは、こんなにシンプルではない。彼らの変身は、桐生ダイゴが「行くぜみんな！」と声をかけるところから始まる。

それに4人が「おう！」と応じ、続いて5人全員で「ブレイブ・イン！」と声を揃える。

5人は、拳銃のような形の変身アイテム(武器にもなる)ガブリボルバーに、次々にエネルギーをチャージしていく。

チャージが終わると、ガブリボルバーのシリンダーを回し、どこからともなく聞こえてくるサンバのホイッスルに合わせて、軽快なステップを踏んで踊る。

踊りが終わると、5人揃って「ファイヤー！」と叫ぶ。すると、ガブリボルバーの銃口から恐竜の頭のようなものが飛び出し、大きな口を開けて5人の体を呑み込む。恐竜の頭が消えると、5人は5色のスーツをまとっている。これにて変身は完了。所要時間は44秒！

たいへん長いが、これで終わりではない。キョウリュウジャーには、戦隊シリーズ伝統の自己紹介があるのだ。

5人は建物の上などに飛び移り、レッドが敵に向かって「聞いて驚け！」と叫ぶ。続いて、5人は一人ずつ名乗りを上げていく。

レッド「牙の勇者！　キョウリュウ・レッド！」どかーん！

ブラック「弾丸の勇者！　キョウリュウ・ブラック！」どかーん！

ブルー「鎧の勇者！　キョウリュウ・ブルー！」どかーん！

グリーン「斬撃の勇者！　キョウリュウ・グリーン！」どかーん！

ピンク「角の勇者！　キョウリュウ・ピンク！」どかーん！

セリフのあとの「どかーん！」は爆発音である。科学的には不可解な現象だが、一人が名乗るごとに、なぜか彼らの背後で爆発が起こるのだ。

自己紹介を終えた5人は「アームド・オン！」と叫んで、建物から飛び降りる。

そして、それぞれの武器を片手に、全員揃って「史上最強のブレイブ！　獣電戦隊・キョウリュウジャー！」と叫んだ後、最後にレッドが「荒れるぜ〜！　5人揃って止めてみな！」。

こうして変身と自己紹介がようやく終わり、いよいよ戦いが始まるのだ。

な、長い！「聞いて驚け！」から49秒。変身を合わせると、1分33秒もかかっている。ていねいに自己紹介をするのは、すばらしいことである。変身して姿を変えるのだから、新たに名乗ってあげれば、悪の怪人たちも混乱しないですむだろう。

しかし、キョウリュウジャーの話が長くなったので、忘れている読者もいると思うが、いま考えている彼らの相手はウルトラマンなのである。

初めに紹介したとおり、彼は地上では3分しか戦えない。キョウリュウジャーは、その貴重な時間の半分を超える1分33秒を、変身と自己紹介に費やしてしまうのだ。

ウルトラマンとしては「おいっ、俺には3分間しかないんだ！　急いでくれっ」と言いたいところだろう。待ち切れなくなって、途中でスペシウム光線を浴びせたくなるかもしれない。

だが、相手が自己紹介しているあいだに攻撃するのは、正義のヒーローとしては言うまでもなく、良識ある社会人としても許されないマナー違反である。ウルトラマンはじっとガマンして聞くしかないだろう。

その結果、変身と自己紹介が終わったとき、ウルトラマンに残された時間は1分27秒……。

◆戦いは4秒で決着だあ！

だが、1分27秒もあれば、ウルトラマンなら勝てそうな気もする。ただしそれは、彼が残り時間を存分に使えれば、の話だ。

身長40mのウルトラマンが相手となれば、キョウリュウジャーは巨大ロボットを出動させるだろう。戦隊シリーズでは、敵が最後に巨大化すること、これを戦隊は巨大ロボで倒すこと、そして巨大ロボの出動と合体には時間がかかること、これらはすべて脈々と続く伝統なのだ。

キョウリュウジャーの場合は、まず「獣電巨人」と呼ばれる3体の恐竜型生命体を発進させる。

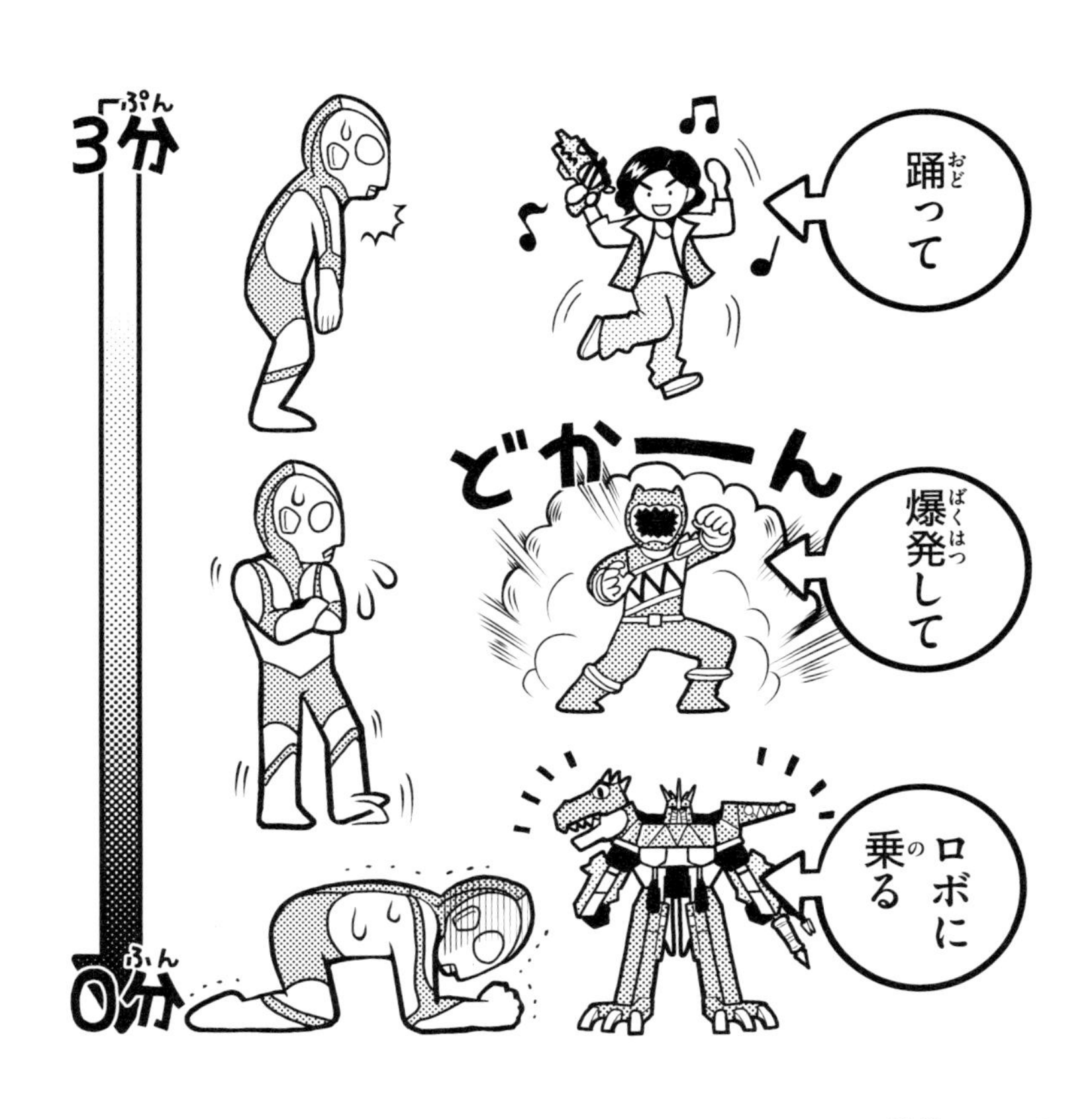

それが合体して人間型の巨人・キョウリュウジンになるのだが、獣電巨人の発進だけで20秒もかかっている。すでに残り時間は1分7秒！

さらに、これら3体の合体にどれほど時間がかかるのか？　ドキドキしながら計測すると……ええっ!?　所要時間は、なんと1分3秒！

合体前の時点で、あと1分7秒しかなかったから、ウルトラマンに残された時間は、たったの4秒ということだ。これでいったい、どう戦えというの!?

しかもこのキョウリュウジンは、全高52・5mでウルトラマンを上回る。体重こそ3800tとウルトラマンの3万5千tに遠く及ばないが、最高出力は1400万馬力だという。ウルトラマンは、サブ主題歌『進め!ウルトラマン』のなかで「100万馬力の腕力」と紹介されていたから、キョウリュウジンのほうが14倍も強いことになる!

このパワーでは、キョウリュウジンの体重の軽さも、ウルトラマンにとっては有利どころか、凶報でしかない。体重が軽いうえにパワーがあるということは、スピードがモノスゴイということだ。計算してみると、その差は実に5倍! スピードで5倍とは、大変な違いである。

耐えに耐えて、じっと待ち続けたウルトラマンの前に、やっと出現した対戦相手は、自分の14倍もパワフルで、5倍も速い。しかも残り時間は、わずかに4秒……。

これで勝てるのか、ウルトラマン!? こうなったらもう、いきなりスペシウム光線をぶっ放すしかない! が、当たるのか? 5倍のスピードで翻弄され、14倍のパワーでぶん殴られまくっているうちに、貴重な4秒は、たちまち時間切れ!

そんなわけで、最初「勝負の行方は明らか」と思った対戦も、具体的に考えてみると、まったく意外な展開になったりする。勝負はやってみなければわかりませんなあ。

とっても気になるキャラの疑問

初音ミクの髪の毛は、とても重いのではありませんか？

「初音ミク」はすごい歌手だ。ミクが歌った楽曲をネットで検索してみると、なんと5万5千曲もヒットした。なんて精力的に活動しているアーティストなんだ！

といっても、ミクは実在する歌手ではない。もともと『初音ミク』とは、「ボーカロイド」と呼ばれる歌唱ソフトの名前。歌詞と音階を入力すると、愛らしい声でそのとおりに歌ってくれるのである。そのイメージキャラクターとしてデザインされた少女が、ソフトと同じ名前の「初音ミク」と呼ばれている。

これが人気を呼び、ファンが初音ミクのためにオリジナル楽曲を制作し、ネット上に公開している。その楽曲数が5万5千曲ということだ。引く手あまたの大人気歌手である。

キャラクターとしてのミクは、身長158cm、体重42kg、年齢16歳で、歌やダンスが得意という設定。愛らしいルックスをしているが、なんといっても目を引くのは、緑色の長い髪だ。ツインテールにした髪は足首まで伸び、先端の近くが大きく膨らんでいる。非常にボリュームのある髪で、質問にあるとおり確かに重そうだ。この髪型で歌ったり踊ったりできるのだろうか。

もしミクが現実世界の存在なら、その髪はどれほど重いのか、考えてみよう。

◆髪の毛が100万本!?

重さを計算するために、まずは全体のボリュームが知りたい。

ミクのイラストを測定したところ、身長が158cmなら、ゴムで縛ったところから髪の先端まで、長さは左右とも1m42cmもある。そして、先端近くの40cmほどが大きく膨らんでいる。

そもそも人の髪とは、ツインテールにしたときにどれほど広がるのか。これを確かめるため、筆者の姪のNちゃん（高校生）に背中まで伸びた髪をツインテールにしてもらい、測定してみた。

すると、最も広がった部分は、前後が13・4cm、横幅が8・1cmだった。

一方、ミクのツインテールの最大部分は、断面が半円形で、直径は46cm。これはスゴイ！

いちばん広がった部分で比べると、ミクのツインテールの断面積はNちゃんの10倍になる。
単純に考えれば、髪の本数がNちゃんの10倍あるということだろう。日本人女性の髪は10万本あるといわれるから、ミクの髪は100万本！　あまりに髪の多い体質である。

だが、冷静に観察すると、ミクのツインテールの根元、すなわちゴムで束ねたあたりの太さはNちゃんと変わらない。本数が10倍なら、この部分の断面積も10倍になるはず……。

おそらくミクの髪は、本数は一般女性と同じなのだろう。ただし一本一本の髪が、先端に向かって太くなっているのだ！　いちばん広がった部分は断面積が10倍で、直径は3・2倍！

髪は死んだ細胞だから、生えてから太くなることはない。すると、いちばん太い部分はいつ生えたのか。人間の髪は一日に平均0・4㎜伸びる。ということは、最も広がった部分が生えたのは、今から9年前。ミクが7歳のときだ。

髪は、毛根で作られる。小学校1年生のとき、彼女の毛根は、今より直径が3・2倍も大きかったということだ。その頃、コンブやワカメなど髪にいい食べ物をいっぱい食べたのだろうなあ。

◆髪の毛の重さが6・2kg！

この結論をもとに、ミクのツインテールの重さを求めよう。

日本人の髪は、直径０・１㎜といわれる。ゴムで束ねたあたりは、ミクの髪の太さもこれぐらいなのだろう。そこからだんだん太くなって、先端の近くの40㎝ぐらいは０・１㎜の３・２倍、すなわち０・３２㎜となる。ここから計算すると、髪一本の重さは68㎎である。

そして、ミクは髪の本数にして10分の１ほどを前髪として垂らし、残りの半分ずつをツインテールにしている。彼女の髪が一般人と同じ10万本なら、ツインテール一つは髪４万５千本でできていることになる。すると重さは、うおっ、片方で３・１㎏。両方合わせて６・２㎏である！

これは重い。初音ミクの体重は42㎏だから、髪を除く本体は35・８㎏ということだ。

このスレンダーな体に６・２㎏もの髪が生えていたら、頭の両側に２Ｌ入りのペットボトル１・５本ずつをぶら下げているも同然。これが初音ミクの日常生活なのだ。歩くのも大変だろうし、立っているだけで首筋が攣ってしまいそうだ。得意のダンスを練習するときなど、首が髪にグリングリンと引っ張られてしょうがないだろう。それらをものともせず微笑んでいるとは、なんとプロ意識の強い歌手であろうか。

◆髪のお手入れも大切よ

彼女がとっても苦労すると思われるのが、髪の手入れである。調べてみると、女性の髪の正し

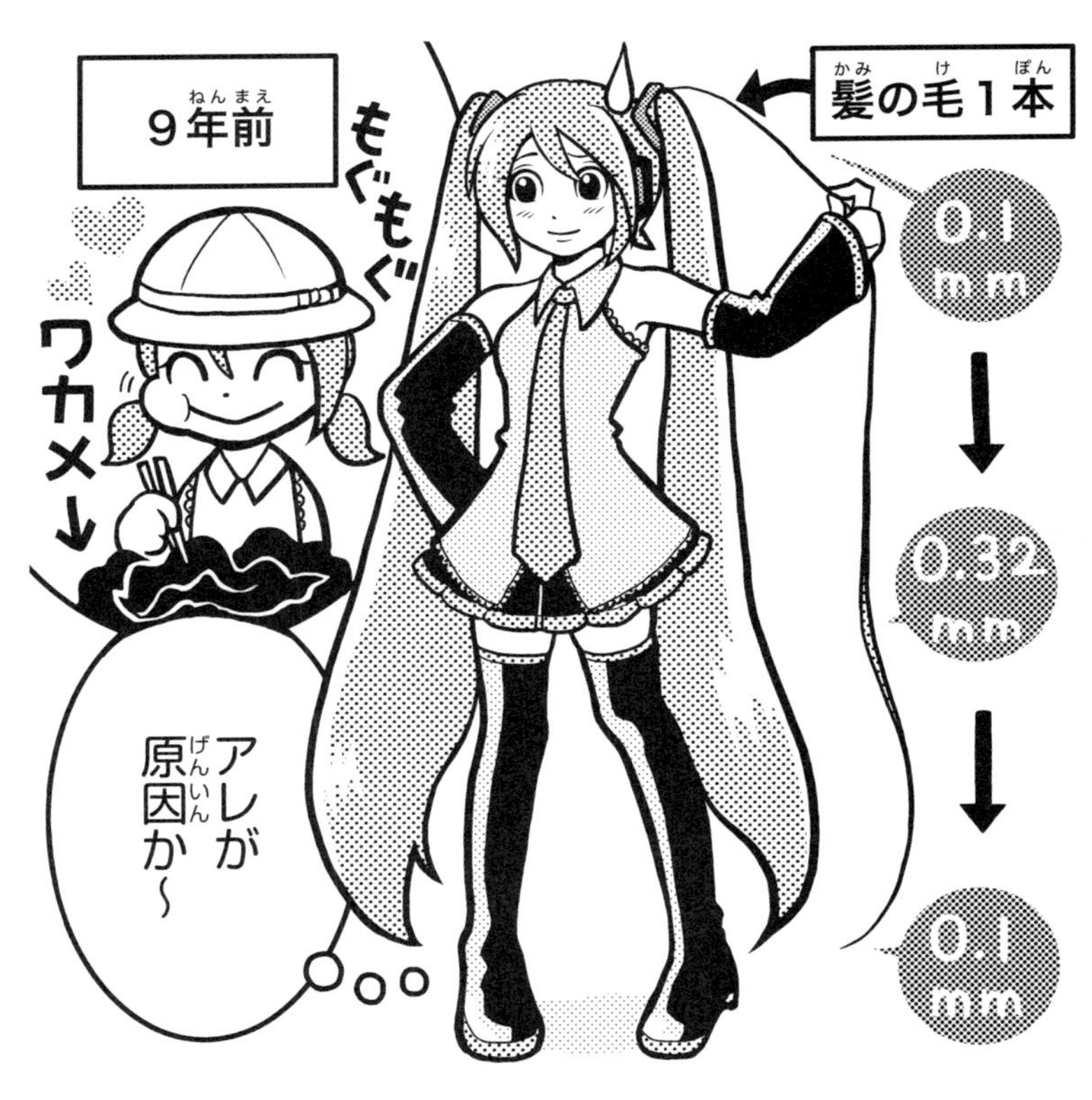

い洗い方を詳しく説明しているサイトがあった。
①洗う前に目の粗いブラシでとかして、もつれを取り、ほこりを落とす。
②髪を地肌から濡らし、両手に挟んで毛先の水を切る
③シャンプーで頭皮を洗う。これによって髪の毛も自然に洗える。
④よくすすぎ、水を切る。
⑤トリートメントを指にもつけて、髪の中間から毛先に、手櫛でまんべんなくなじませる。

⑥蒸しタオルで髪を覆って3～5分待つ。
⑦すすいで水を切る。
⑧タオルで水分を拭き取る。
⑨洗い落とさないトリートメントをつける。
⑩ドライヤーを当てる。

う～ん、ミクほどの髪となると、手入れもなかなか大変そうだ。まず問題は①。筆者の見解によれば、ミクの髪は先端ほど太くなっているはずなので、ブラシが引っかかってしまうだろう。すると、ほこりを落とすためにも、③では頭皮だけでなく髪全体もていねいに洗ったほうがいいような気がする。だが、多くのサイトで「髪をもんだり、こすり合わせたりしてはいけない」と書かれている。いったいどうすりゃいいの？

また、⑤⑨のトリートメントと⑩のドライヤーでは、髪の表面積に比例する時間がかかるはず。髪の長さ30㎝の一般女性と比べると、髪がだんだん太くなっているミクの場合、表面積は実に11倍。一般女性が⑤⑨⑩にそれぞれ10分かかるとすると、ミクはその11倍で各1時間50分！

そんなこんなで、髪のお手入れには、全部で8時間くらいはかかるんじゃなかろうか。大変だなあ、初音ミク。やはり人気者は、人知れず苦労をしているんですね。

とっても気になるマンガの疑問

『黒子のバスケ』の緑間真太郎のすごい3ポイントシュートは、実現できますか？

『黒子のバスケ』には魅力的なキャラクターがたくさん登場するが、誰よりも筆者が注目したいのは、秀徳学園高校バスケット部の緑間真太郎だ。

緑間は、主人公・黒子テツヤの中学時代のチームメイトで、「キセキの世代」と称される5人の天才の一人。身長195㎝、体重79kg。常に冷静沈着で、座右の銘は「人事を尽くして天命を待つ」。セリフの多くを「なのだよ」で締める。

「なのだよ」はバスケットの実力とは関係ないけど、そんな緑間が得意とするのが、3ポイントシュートなのだよ。ライン際からはもちろん、センターラインや、自陣ゴール付近のエンドラインからでも百発百中。緑間自身、こう言っている。「オレのシュート範囲は、コートすべてだ」。

そう、「なのだよ」を使わないときもあるのだよ。

バスケットコートのどこからでもシュートを決められるとは驚く。本稿では、緑間のシュートがどれほどすごいか、科学的に解明してみよう。

◆滞空時間が長くてびっくり！

緑間のシュートの特徴は、ボールが急角度で高々と上がり、そのままほぼ垂直に落ちてきて、リングの中心を一直線に貫くこと。

ボールが垂直に近い角度で落ちてくるのは、ゴールのすぐ近くからシュートした場合か、ボールが空中高くまで飛んだ場合かのいずれかだ。

前述のように、緑間の得意技は3ポイントシュート。バスケットボールでこれが認められるのは、3ポイントラインより外側からシュートした場合に限られる。3ポイントラインは、ゴールリングの中心から半径6・75mで引かれるから、緑間はどんなに近くても、この距離からシュートを放つことになる。それで垂直に近い角度でゴールに入ったということは、ボールの高度がものすごかったはず――。

その具体的な高さは、シュートの角度がわかれば、計算で求められる。

マンガのコマで測ると、ボールは80度もの急角度でゴールに突き刺さっている。3ポイントラインの距離は前述のとおり6・75mだから、そこから投げて角度80度で入るシュートの滞空時間を計算すると……おお、2・8秒。これは長い。プロバスケットボールの試合映像を見ると、3ポイントシュートは1・5秒ほど宙を舞っているから、その2倍に迫る長さだ。

そして、滞空時間がわかれば、ボールが上昇した高さを計算できる。空中に投げ上げられたボールは、上昇中と下降中で、向きも速度も、まったく逆の運動をする。このため、滞空時間が2・8秒なら、上昇と下降に1・4秒ずつかかることになる。ボールが上昇した高度を求める式は「高度＝5×上昇時間×上昇時間」。興味のある人は、計算してみよう。答えは9・8mだ。

この9・8mというのは、緑間の手から投げ上げられる高さであり、床からの高さはもっと高くなる。身長195㎝の緑間がジャンプしてシュートを打てば、ボールはゴールリングと同じ3m5㎝ぐらいの高さから放たれると考えていいだろう。すると、このボールの最高到達点は、なんと13m！　た、高い。

日本バスケットボール協会は「試合を行う体育館は天井の高さが7m以上」と定めているが、普通の学校の体育館で、天井の高さが13mあるところがどれだけあるだろう？　13mとは、4階建ての校舎ほどの高さなのだよ。

◆どんな体育館でシュートしたのか!?

だが、高度13mくらいでビックリしていては、緑間の本当の魅力は理解できない。彼の放った3ポイントシュートには、もっともっとすごいのがある。

筆者がドギモを抜かれたのは、緑間がマンガのなかで初めて披露した3ポイントシュートだった。3ポイントラインからシュートを放つと、緑間はオドロキの行動に出る。ボールがまだ高々と宙を舞っているのに、その軌道を見ることもなく、クルリと向きを変える。そして、チームメイトの高尾に声をかけたのだ。

緑間「戻るぞ高尾　DFだ」

高尾「オマエいっつもそうだけどさー　これで外したらオレもどやされんだけど」

緑間「バカを言うな高尾　オレは運命に従っている　そして人事は尽くした」

そして、一瞬の間があり――

緑間「だからオレのシュートは　落ちん!」

と言い切ると同時に、ボールはゴールリングを突き抜けた!

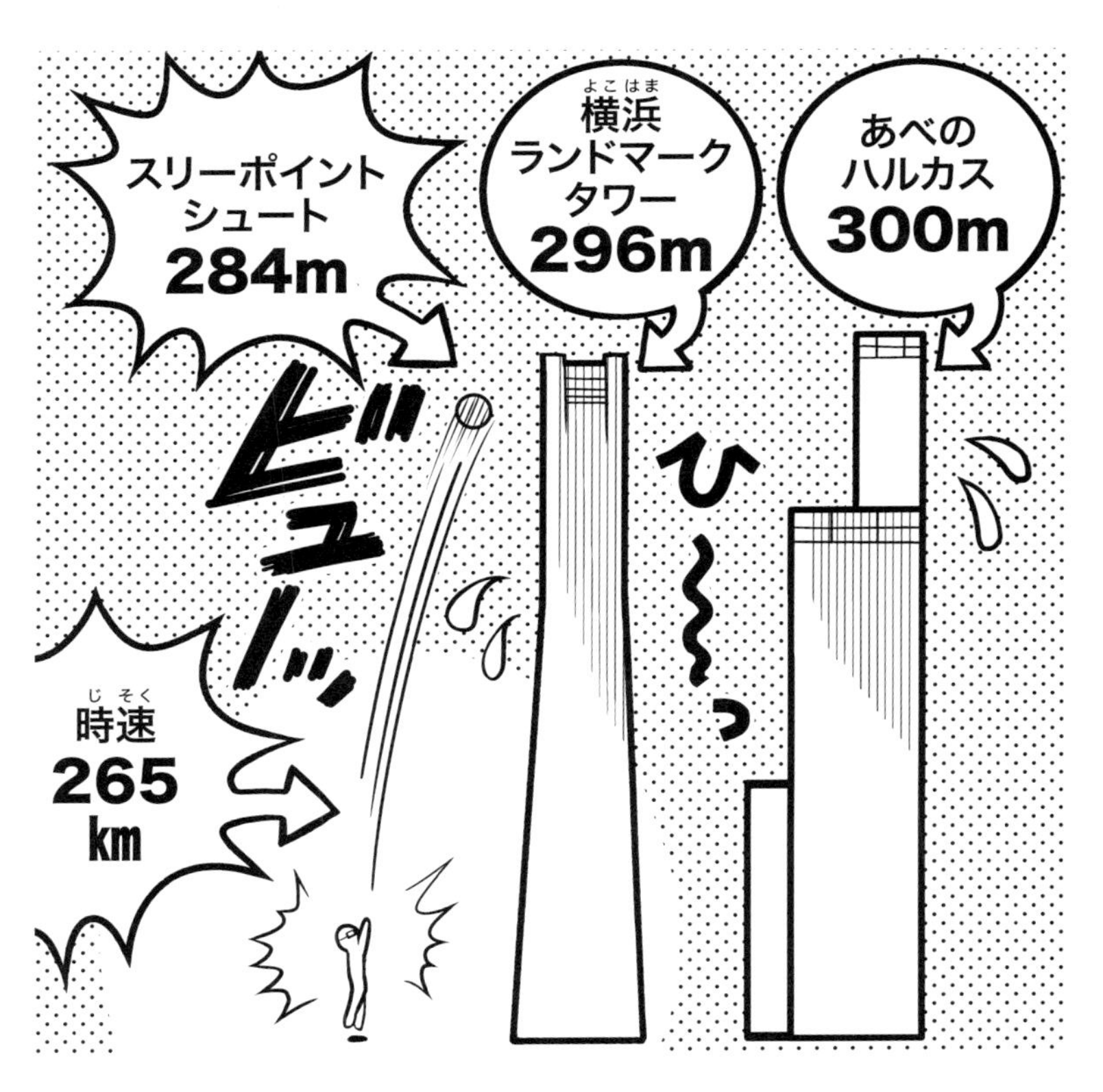

こ、これは長い！　いったいどれだけの時間、ボールは空中を舞ったというのか。筆者が二人のセリフを音読してみたところ、ちょうど15秒かかった。つまり、ボールの滞空時間も15秒と考えていいだろう。

すると、ボールは途轍もない高さでまで上がったはずだ。前述の方法で計算すると、え〜っ!?　高度はなんと284m！　すごい！　地上250mの東京タワー第2展望台をはるかに超え、296mの横浜ランドマークタワーや、300mの大阪あべのハルカスの屋上に届かんばかりの高さまで上がったということだ。

こんなシュートを打てる体育館が存在するのだろうか？　高校バスケットの全国大会「ウインターカップ」が開催される東京体育館のメインアリーナでさえ、天井の高さは27ｍしかないのだが……。

また、これほどの高さまで上げるには、ものすごいスピードが必要だ。計算してみると、ボールの初速は時速265㎞。プロ野球の投手が投げるストレートの2倍に近い。

力も、半端ではない。バスケットボールの重さは、球技に使われるボールのなかで最も重い600〜650ｇ。こんなに重いボールを時速265㎞で投げられるとしたら、緑間が利き腕の左手で発揮した力は575㎏。この高校1年生は、左手一本でグランドピアノを持ち上げられるということだ。

緑間がバスケット選手としてどんな活躍をしてくれるか、今後の活躍が楽しみだ。でも、プロ野球とか、重量挙げとかの道に進んでも、偉大な選手となるだろう。キセキの世代の天才シューターから、目が離せない。

とっても気になる特撮の疑問

「東京フライパン作戦」という悪の作戦があったと聞きました。どんな作戦ですか？

小中学生向けの書籍に「東京フライパン作戦」の話なんか書いていいのかな。読者の99％は聞いたこともないだろうに。あ。でも、きっと筆者の世代でも、99％は知らないかも。

それほどマイナーな東京フライパン作戦とは、1974年に放送された『仮面ライダーアマゾン』という、ライダーシリーズのなかでも地味な番組（半年弱で放送が終了！）に出てきた作戦だ。

これを立案し実行したのは、世界征服を狙う悪の組織・ガランダー帝国のガマ獣人。頭が巨大なガマの全身になっていて、そのアタマを取り外して投げつけるのが必殺技！という開いた口がふさがらない怪人だったが、作戦のスケールはライダー史上最大級だった。

正式名称は「富士山爆発！　東京フライパン作戦」。作戦名の前半から、富士山を爆発させて世の中を混乱させる作戦だろうと察しがつく。では後半の「東京フライパン」とは？

それは、次に掲げるガマ獣人の説明を聞くと、オボロゲに見えてくる。
①噴火中の三原山からトンネルを掘り、富士山に溶岩を誘導する。
②これにより富士山を噴火させ、その溶岩を別のトンネルで東京の地下へ導く。
③東京の地下に溶岩が溜まれば、アスファルトは焼けたフライパンのように熱くなる。その上で生活する人間どもは、炒られた豆のように飛び跳ねながら狂い死にするだろう。
つまり、東京の地下に溶岩を流し込めば、地表のアスファルトが熱せられ、東京は巨大なフライパンと化す――。そういう意味で「東京フライパン」なのだ。ナルホド納得！

感心している場合ではない。こんなヘンな計画、はたして実現可能なのか？

◆富士山は大爆発するか？

三原山は、伊豆大島の中央にある標高764mの火山だ。有史以来、何度も噴火しており、番組放送時にも小規模な噴火が続いていた。この三原山から富士山までの距離を調べると90㎞。また、富士山から東京までの距離は100㎞だ。

ガマ獣人の計画は、三原山の溶岩を90㎞のトンネルで富士山へ運び、新たに噴出した溶岩を１００㎞のトンネルで東京の地下に流し込もうという壮大なものである。三原山と東京の距離は１１０㎞だから、これらを直接つなぐトンネルを掘ったほうがよっぽど早いと思うが、ガマ獣人としては、世界的にも名高い富士山を爆発させたかったんでしょうなあ。そのほうがハデだしね。

しかし、三原山から溶岩を流し込んだら、富士山は爆発するのだろうか？

これについては、充分に可能性があると筆者は思う。火山の地下には大量のマグマが溜まった「マグマだまり」があり、温度と圧力の微妙なバランスで維持されている。ここへ地下から新たなマグマが上昇してくると、温度が上がって、溶け込んでいた火山ガスが泡になる。その結果、炭酸飲料水を振ったときのように、マグマだまりの圧力が急激に上昇し、噴火に至るのだ。

富士山は、１７０７年の宝永噴火を最後に沈黙しているが、地下には今もマグマだまりがある。そこに三原山から高温のマグマを流し込めば、マグマだまりの圧力が上昇して、富士山が爆発する可能性はある。この作戦、ネーミングはマヌケっぽいけど、意外にも科学的なのだ。

◆命令が間違ってるよ！

作戦の成否は、溶岩を流すトンネルを掘れるかどうかにかかっている。三原山〜富士山が90㎞、富士山〜東京が１００㎞。合計すると、トンネルの長さは１９０㎞にもなる。世界でいちばん長いトンネルは、アメリカのキャッツキル山地の貯水をニューヨーク市に運ぶ水道用のトンネルで、長さは１４７㎞。それ以上の距離を掘らねばならんとは、大変なことですぞ。

ガマ獣人は、この大工事をどうやって進めたのか？　実行されたのは、わが目を疑う方法であった。道行くバスを強引に止めると、10人ほどの乗客を強制連行。足に鉄球のついた鎖をつけ、ツルハシやシャベルを持たせて、人力でトンネルを掘らせたのだ。

そんな原始的な方法で、１９０㎞ものトンネル掘削ができるかなあ？　作業員たちは疲労困憊して、一日に10㎝も掘り進めそうにない有様だった。このペースでは、１９０㎞のトンネルが開通するのは５２００年後の春……。どこからかトンネル工事用のシールドマシンを奪ってきて、24時間稼動させたとしても、11年ほどかかる大工事なのだ。

などと思って見ていたら、なんと一日も経たないうちに、部下が報告してきた。「三原山から富士山へ通じる第1トンネル、第２工区まで完成しました！」。ええっ、ホント!?　第２工区がどこなのか不明だが、それなりに掘り進んだってこと!?　だが、ガマ獣人は筆者の驚きと疑問をよそに、部下にこう命じた。「よし、そこまで溶岩を通せ」。

いや、それはマズイだろう、ガマ獣人！　途中までしか完成していないトンネルに溶岩を流し込んでも、目的の富士山には到達しない。それどころかトンネル内に作業員が入れなくなり、それ以上は掘れなくなってしまうぞ！

だが、命じちゃったものは仕方がない。溶岩を流し込んだ結果、三原山から富士山へのトンネルが通過する一帯、おそらく伊豆半島の北部あたりは大混乱に陥った。道路が熱くなったり、マンホールや水道の蛇口から炎が噴き出したり……。

一見、ガマ獣人の作戦は成功したかのように見えるが、もちろんそうではない。肝心の富士山には、何も起こらなかったのだから。そのうえ、ここでガマ獣人は仮面ライダーアマゾンと戦い、あえなく負けてしまった。アタマも外して投げつけたけれど、まったく効かなかった。壮大な計画は、もちろん失敗である。

こうして「富士山大爆発！　東京フライパン作戦」は「富士山は今日も静か　北伊豆フライパン事件」として幕を閉じた。結局、何がしたかったのかよくわからん。筆者の世代にすらマイナーなのも当然ですなあ。

◆ガマ獣人の寿命がもつかなあ

ガマ獣人がヘマをしなければ、東京フライパン作戦は成功したのだろうか。

東京都の島を除く部分の面積は1783㎢。また、フライパンの温度は250℃にも達するという。東京フライパン作戦というネーミングから想像すれば、ガマ獣人は「東京都の本州部1783㎢の地面を250℃に加熱」しようとしたのだろう。そんなことが可能なのか？

問題は、大量の溶岩が必要なこと、そして溶岩の熱が地面に伝わるのに時間がかかることだ。溶岩の温度は1000〜1200℃。地面の温度を15℃と仮定しよう。東京の地下100mに、床から天井まで100mという巨大な空洞を掘ったとすると、これを埋め尽くすには、富士山の体積の6割もの溶岩が必要だ。これをマグマだまりから抜き取ったら、富士山はおそらく陥没してしまう！

それでも東京フライパン化への道は遠い。溶岩の温度が最高の1200℃だったとしても、その熱が地表に伝わって250℃に達するまで、145年かかる！

ガマとも呼ばれるヒキガエルの寿命は40年。カエルとしては長寿だが、作戦の成果が表れる前に、ガマ獣人の寿命が尽きる。生きているうちに作戦を成功させるためには、溶岩を流し込む空洞を、もっと地面すれすれに作るしかない。溶岩が地面に近ければ近いほど、地表のアスファルトが250℃に達するまでの時間は短くなるからだ。

いろんな深さでシミュレーションしてみると、空洞の天井が地下50mにある場合なら250℃

に達するのに25年、地下20mなら2年4ヵ月、10mなら7ヵ月、5mなら53日、4mなら34日。
……って、地下4mに巨大な空洞なんか作ったら、東京はドシャーンと大落盤！　その下で穴を掘っていたガマ獣人一味も、間違いなく全滅する！
う～む、東京を滅ぼすことはできるかもしれないが、フライパンにするのだけは難しそうだ。骨折り損のくたびれ儲けとは、まさにこの作戦のことですなあ。

とっても気になる玩具の疑問

Nゲージのサイズで日本全国を再現すると、どんな大きさになりますか?

Nゲージとは、手のひらサイズの車両が、線路に流れる電流で走る鉄道模型である。これを中心に街並みなどのジオラマを作って楽しんでいる愛好家も多い。などと、知ったフリして書いているが、実は全然わかっていません。鉄道のない種子島で生まれ育ったためか、鉄道模型にトンと縁がなく、Nゲージについても、右の２行が筆者の知っているすべてです。

そこでちゃんと調べてみたところ、レールの幅は９㎜。世界中で作られていて、車両の縮尺は、実際の車両の１４８分の1から１６０分の1とさまざまだが、日本のものは基本的に１５０分の

１だという。

な〜るほど、１５０分の１。これは、人間が１㎝と少しの大きさになってしまう縮尺ということだ。そんなＮゲージで日本全国を再現したらどうなるのだろうか。

◆山手線くらいの面積が必要だ

筆者は仕事でよく新幹線を利用するが、いちばん乗るのは東京〜新大阪間。そのレールの距離は５５２・６㎞である。これを１５０分の１に縮小したら何ｍになるだろう？　計算してみると……うおっ、３・６８４㎞。模型なのに㎞単位！

この調子で日本列島を作ると、どれほどの大きさになるのか？

ここでは鉄道の走っている地域だけを再現するとしよう。もちろん「再現」というからには、ＪＲ、私鉄、第三セクター(国や地方公共団体と企業が共同出資した鉄道会社)、そして貨物列車も走らせねばなるまい。

直線距離で最も遠い二つの駅は、ＪＲ北海道釧網本線の知床斜里駅と、ＪＲ九州指宿枕崎線の枕崎駅。実際の距離は１８８８㎞で、Ｎゲージでは12・６㎞になる。これと垂直の方向に最も離れているのは、ＪＲ北海道宗谷本線稚内駅と、ＪＲ東日本総武本線および銚子電鉄の銚子駅。この二つの駅を収めるには4・6㎞の横幅が必要だ。すると、縦に12・6㎞、横に4・6㎞の広さが必要になる。これは、山手線の内側いっぱいという巨大模型である。

どこかにこれだけの土地を確保し、ブルドーザーなどでならして平地にしたとしよう。その場合、このNゲージ日本はどのように見えるのだろうか。

地球は丸いから、身長1m70㎝の人にとって、4・5㎞より向こうは地平線の陰に隠れてしまう。実際には、建物や山などがあるから意識しづらいが、障害物のない真っ平らな土地でも、人は4・5㎞より遠くを見ることはできないのだ。

ということは、この模型の鹿児島県にある枕崎駅のあたりに立つと、5㎞彼方の愛知県の名古屋駅は見えない。枕崎駅からてくてく1時間ほど歩くと大阪駅に着いて、地平線の手前に宮城県の仙台駅がかすんで見える。さらに1時間5分歩くと、やっと北海道の知床斜里駅が見えてくる。これは、そういうスケールの模型なのだ。地上に立っている限り、決して全体を一望することはできない！

これに加えて、何もかも忠実に再現すると、大変なことになる。東京スカイツリーの高さは4・2m。とても一日や二日では作れまい。富士山は25m。これはもう工作ではなく、工事である。琵琶湖もきちんと掘って縮尺に合った水を入れるなら、最大水深69㎝、水量は8200t。

このための水道代だけで325万円もかかってしまう！

◆うひゃ〜、おカネがかかるよ〜！

さて、国土が完成したら、いよいよNゲージを設置しよう。まずは線路だ。

国土交通省の『鉄道輸送統計月報　平成23年8月分』によれば、日本の鉄道の総延長は、JR旅客が2万124・1km、「民鉄」と表記されたJR以外の鉄道（主に私鉄）が7518・7km、人を乗せる旅客鉄道の合計は2万7642・8kmだ。これにJR貨物の8674・3kmを加えると3万6317・1km。日本の鉄道の全線を合計すると、地球一周の9割を超えるわけで、これにはちょっと驚いた。Nゲージのサイズにしても総延長242km。一本につないだ場合、東京駅から静岡県浜松駅の手前まで行ってしまう距離である。

この長大な距離を再現するには、Nゲージの線路が、何本必要なのか？　Nゲージの線路には長短曲直さまざまあるが、最も長い直線レールは24・8cm。これだけで作るとしても、97万6千本を敷かねばならない。

さらに上下線が別々の線路を使う「複線」や、特急や急行のためにもうひとつ複線がある「複々線」もあるから、おそらく150万本は敷く必要があるだろう。

この作業は大変だ。毎日10時間、10秒に線路を一本ずつ伸ばしていっても、一日に敷ける線路は３６００本。目標の１５０万本を敷き終わるまで４１７日＝1年2ヵ月かかる！

費用も莫大なものになる。右の線路は４本1組で７５６円だ。１５０万本なら、なんと2億８４００万円！

線路が敷けたら、いよいよお楽しみ、車両をそろえていこう。国土交通省の『交通関連統計資料集』によれば、２００８年に各鉄道会社が保有していた車両は６万６８７５両。最も一般的な電車の２１１系５０００番のNゲージは、４両編成動力車つきで１万３２００円。平均がこの額だとすると、６万６８７５両では2億２１００万円！

もちろん、駅も必要だ。日本にある鉄道の駅は、９６００強だという。Nゲージの駅の値段は、だいたい千円から５千円。簡素な駅も多いと思うので一駅平均2千円と考えると、９６００駅で１９２０万円。この程度で済んでヨカッタ～、という気がするのは、もはや筆者の感覚がおかしくなっているんですね。

もちろん土地がなければ始まらない。縦12・６㎞、横４・６㎞とは、長方形なら58㎢。東京23区最大の大田区をやや下回る程度の面積である。この広さになると原野でも買って整地するしかないだろう。１㎡あたり破格の１００円で買えたとしても58億円。つまり、線路、車両、駅舎と

土地代だけでも、合計63億2420万円かかるのだ！

いや〜、時間と手間とお金のかかる趣味ですなあ。

◆いざ、出発進行！

幾多の障害を乗り越えて、この雄大な模型が完成したとしよう。それは果たして、楽しく遊べるものなのか。

すでに述べたように、地上から全体を一望することが不可能である。すべてを見わたすには高さ6m以上のビルに上るしかないが、それでも意味はない。

そのビルがNゲージ日本の真ん中にあったとしても、見晴るかす地平線は6・3㎞彼方。ところが、小さなNゲージの車両は、視力1の人にとって、100m以上離れると見ることもできないからだ。う～ん、あんなに苦労したのに……。

このリアルな模型を楽しむには、半径100m以内の電車の動きを堪能するか、電車について歩くしかない。N700系新幹線の縮尺に応じた速さは時速2㎞で、Nゲージはこの速度を充分に出すことができるという。これは人間が歩く速さの半分くらいだ。ゆったりと歩きながら、楽についていけるだろう。

東京駅から出発すると、の～んびり45m歩いて品川駅で止まり、さらに147m歩いて新横浜駅で止まる。ときには線路を離れて標高25mの富士山に登って日本全体をはるかに眺め、最大水深69㎝の琵琶湖に足を浸す……、おお、意外と楽しそうじゃないか。

本当に実現できないかなあ、超リアルNゲージ日本列島。63億円ほどかかるけど。

とっても気になる昔話の疑問

わらしべ長者は、なぜたった一日で大金持ちになれたのですか？

昔話『わらしべ長者』は驚くべき物語である。たった一本のワラをいろんなものと交換していくうちに、最後には大きな屋敷と田畑になったのだ。

いったい何をどうすれば、こんなことができるのか？　筆者には資産運用術はまったくわからないので、せめて科学的に考えてみよう。

『わらしべ長者』は、いくつかのパターンがあるが、およそこんなお話だ。

京都に住む若者が、いくら働いても貧乏から抜け出せないので、奈良の長谷寺へ21日間篭もり、観音様に祈った。すると最後の夜、夢枕でお告げがあった。

「寺を出て最初に握ったものを決して離すな」

翌朝、期待しながら寺を出た若者は、門の敷居につまずいて転んでしまう。起き上がってみると、手に一本のワラを握っていた。

若者がガッカリしながら歩いていくと、アブがつきまとってきた。それをワラに結びつけて歩いていたら、牛車に乗った貴族の子どもが「あれがほしい」と泣きわめく。かわいそうに思ってあげたら、替わりに見事なみかんを3つもらった。

また歩いていくと、のどが渇いて死にそうな貴婦人がいる。気の毒に思ってみかんをあげると、貴婦人はお礼にと上等な布を3反くれた。

さらに歩いていくと、立派な馬が倒れて困っている人がいたので、布と交換する。そして観音様に「馬を生き返らせてください」と祈ったところ、馬はたちまち元気になる。

この馬を引いて歩いていくと、旅の準備で大勢の人が出入りする長者の屋敷があった。屋敷の主は「ここには戻らないから、屋敷と田畑を譲る替わりに馬をくれ」と言ってきた。これに応じた結果、若者は長者さまになりましたとさ。めでたしめでたし。

どっひ〜。これは「めでたし」とかいうレベルじゃないだろう。あまりにおめでたすぎる！

◆恐るべき資産増加率！

若者が経験した資産増大劇を、現在の金額に換算して、具体的に見てみよう。

まずは、ワラ。現在、ワラは動物園などに1kg平均75円で納入されている。種子島の友人にワラの重さを計ってもらって計算すると、ワラは2千本で1kgになるようだ。すると、ワラ一本は0・0375円。

若者はこれにアブを結びつけたわけだが、さすがにアブの原価は0円としよう。つまり、アブつきワラは0・0375円。若者の一人平安バブルは、この金額から始まったのだ。

このアブつきワラが、みかん3個に変わったわけである。近所の八百屋で立派なみかんの値段を調べると、3個で186・75円だった。元手の0・0375円からの増大率は4980倍だ。いきなりすごいアップだなあ。

続いて、みかん3個が、上等の布3反に。平安時代、「布」といえば主に麻のことだった。ネットで麻1反の価格を調べると、4万2千円。この金額で考えると3反で12万6千円。この交換で、資産価値は675倍になった。うひょ〜！

さらに上等の布3反が、立派な馬に変貌。「立派な馬」なので、競争馬の価格を調べると、2013年の平均は3446万5491円もする。つまり資産価値は274倍に。ひょひょ〜っ！

最後に、立派な馬が屋敷と田畑になった。旅の準備で大勢が出入りするほどの長者となると、屋敷は千坪、田畑からの収入が年間1億円くらいはあるだろう。京都と奈良の中間にある宇治市の相場などから試算すると、合わせて14億円。これは競走馬の41倍の価格である！

つまり、若者の資産は4980倍→675倍→274倍→41倍と増えていったのだ。ワラからの増大率は、なんと370億倍！　う〜む、あまりのボロもうけに腹が立ってきますな。

◆成功のポイントはどこだったのか？

それにしても、この若者はなぜここまで成功できたのか？

寺に21日も篭もる信仰心とか、子どもや女性に優しいとか、若者の人間性が幸運を呼んだのも事実だが、やはり最大の分水嶺は、アブをワラに結びつけたことだろう。そこからみかんへの資産増大率も、全4回のなかで最も高い。

しかし、するか普通、そんなこと!?　ワラの先端は細くポキポキ折れやすい。それを輪にしてアブの胴体を潜らせ、しっかり結ぶ……。あまりにも困難な作業であり、一度や二度はアブに咬まれたもしただろう。

だが若者は、その苦難を乗り越え、ワラとアブとを組み合わせるという見事なコラボレーショ

ンを実現させた。その努力が、貴族の子どもの心を捉える斬新なオモチャを生んだのだ。
なるほど、貧乏な若者が長者様になれたのは、うまく資産を運用したというより、どこにでもあるものを組み合わせることで、まったく新しいものを生んだ発想力と、失敗を乗り越えて成功に導く実行力のおかげということか。これは、なんだかヒジョーに人生の役に立ちそうな昔話だったのですなあ。めでたし、めでたし。

とっても気になるマンガの疑問

チッチとサリーは背の高さがすごく違います。恋の障害になりませんか？

『小さな恋のものがたり』には、頭が上がらない！

筆者が生まれた翌年の1962年にスタートしたマンガで、筆者が中学生の頃には女子のあいだで大変なブームになっていた。その後も営々と描き続けられ、2014年の第43集でついに完結。と思ったら、4年後に第44集『その後のチッチ』が出て、シリーズが再開した。50年以上も続いていて、本当にすごい。筆者の『ジュニア空想科学読本』はそんなに続けられるかなあ。

物語はシンプルで、高校2年生の小川チイコ（チッチ）が、同学年の村上サトシ（サリー）を一途に想い続ける……というもの。チッチは運動も勉強も苦手、サリーは成績もよくてかっこいいと

対照的な二人だが、何より違うのは、その身長だ。

チッチはとても小さく、サリーはとても背が高い。マンガの描写では、チッチの背丈はサリーのベルトの高さくらいしかない。二人が並んだ場面で測定すると、サリーの身長は、なんとチッチの1・73倍！

これはなかなか大変な身長差である。50年にわたってサリーを愛し続けるチッチには、ぜひ幸せになってほしいけど(もちろん、劇中の二人はずっと高校生です)、これほど身長に違いがあると、恋にも何かと支障が生じるのではないだろうか。

◆小さいチッチとデカすぎるサリー

身長差が1・73倍だとして、それぞれの身長はどれくらいなのだろう？　チッチが小さいのか、あるいはサリーが大きいのか？

チッチについては、第27集にこんなエピソードがある。

彼女が友達と遊園地に行き、ジェットコースターの列に並んでいると「身長135㎝未満の人は乗れません」というアナウンスが流れる。それを聞いたチッチは「ガーン、132㎝」と言って、泣きながら列を離れる――。

高校2年生の女子の平均身長は157・6㎝。チッチの132㎝とはそれより26㎝も低い。小学3年生の平均と同じだから、確かにかなり小さい。

だが、小3の女子が、身長が小さいという理由から街で困ることはあまりない。チッチも遊園地での身長制限に引っかかるくらいだろう。

すると注目すべきはチッチではなく、サリーのほうだ。彼はチッチの1・73倍。132㎝の1・73倍とは、なんと2m29㎝である。

これは本当に大きい。高校2年生の男子の平均身長は169・9㎝だから、サリーはそれより59㎝も高いのだ。筆者が応援していたプロレスラーのジャイアント馬場は「世界の大巨人」と呼ばれていたけれど、それでも身長は2m9㎝だった。サリーのほうが、ジャイアント馬場より20㎝も大きい！

これだけ身長が高いと、チッチとサリーが街にデートに出かけたら、さまざまなトラブルに巻き込まれることになる。人間の街というものは、2m29㎝もある人が活動することを想定して作られてはいないからだ。

建物や電車の入り口などでは、気をつけないと頭をぶつける。たとえばJR山手線の車両ドアの高さは1m85㎝しかないから、サリーは44㎝も頭を下げなければ電車に乗れない。当然、車内でもまっすぐ立つと天井に頭をぶつけるから、混雑していても床にしゃがんでいるしかないだろう。

映画館でも困る。サリーの座高が身長の半分の1m15㎝だとすると、椅子の高さは45㎝ほどだから、座ったときの頭の高さは1m60㎝にもなる。中2男子が普通に立っているのとほとんど変わらないのだ。後ろの人はスクリーンが見えにくくてたまらん。

他の観客に迷惑をかけないためには、いちばん後ろの席で観るしかないだろう。だが、すると今度は小さなチッチがスクリーンを見づらい。チッチとサリーにとって、映画館でのデートはなかなか難しい。

◆身長差1mカップルのキス問題

二人がデートに出かけて、このようなトラブルに巻き込まれるというエピソードが『小さな恋のものがたり』に描かれているわけではない。筆者が勝手に心配しているだけだ。

そんな科学的妄想を、さらに一歩進めてみたい。二人の仲が劇的に進展するときが来たら、どうなるのだろう？

映画館からの帰り道、寄り添いながら歩いてきた二人のあいだに、そこはかとなくいいムードが漂ったとしよう。いつしか歩みを止め、向かい合う二人。チッチが目を閉じると、サリーは上半身を倒して、初めてのキスを……。

ところが、そう簡単にはいかない。普通のカップルだったら、背の低いほうが背伸びをするか、背の高いほうが上半身を少し倒すだけで充分だが、この二人は2m29㎝と1m32㎝という「身長差1mのカップル」なのだ。当然、二人の唇の高さも同じくらい違う。二人の唇の高さを同じにするには、サリーは上半身を80度も倒さねばならず、その結果サリーの唇は体より1m13㎝も前に出ることになる。カップルというのは普通そんなに離れていないから、サリーの唇はチッチの頭を通り越してしまい、わ〜ん、これではキスができないよ〜！

この悲劇を避けるためには、ムードが最高に盛り上がった瞬間、チッチはサッと後ずさりして、サリーから1mほど離れるべきである。

あ。でもせっかく雰囲気が盛り上がってきたと思ったのに、いきなり後ずさりされたのでは、サリーは「チッチはまだキスが嫌なんだ」と勘違いしてガッカリするかも。こうして、二人の仲はなかなか進展しない……。

いざというとき離れなくていいように、チッチは最初からサリーと1mほどの距離を保ちながらデートするという手もある。だが、ずっと1mも離れている二人に、そんなムードが訪れるか

どうか……。

う〜ん、どうすればこの問題が解決するか、科学でしか考えられない筆者にはよくわかりません。え？『小さな恋のものがたり』は、進展しそうでしないから面白い？よけいな妄想はしなくていい？はい、そのとおりですね。失礼しました〜。

とっても気になるアニメの疑問

宇宙戦艦ヤマトは、大マゼラン銀河まで一年で往復しました。実際に可能ですか？

2013年に放映されたアニメ『宇宙戦艦ヤマト2199』は、1974年に放送されて大ヒットした『宇宙戦艦ヤマト』のリメイク作品だ。ストーリーの大筋は変わらないものの、74年版の矛盾点などが見事に修正されていて、筆者は唸ってしまった。

たとえば74年版では、敵のガミラス星人の皮膚の色が、第9話までは肌色だったが、第10話から青に変わった。これに関する説明はなかったから、視聴者は「青色のほうが悪者っぽいから、途中で変えたのかなあ」などと製作の舞台裏を想像していた。ところが『2199』では「ガミラス星人の肌の色は青だが、彼らに侵略されてガミラスの仲間になった他星人には、皮膚が肌色

の者もいる」と説明されていた。な〜るほど、そう言われると深くナットクするではないか。

その一方で、新旧の作品に共通している要素も多い。最も重要なのが「西暦２１９９年、人類滅亡まであと一年に追い詰められた地球は、宇宙戦艦ヤマトを建造し、大マゼラン銀河のイスカンダル星まで、放射能汚染を解消する装置を受け取りに行く」という基本設定だ。

地球からイスカンダル星までの距離は、16万8千光年(74年版では、14万8千光年)。ヤマトはこの距離を、一年以内に往復しなければならない。普通に考えればとてもムリだが、ヤマトには「ワープ」という光速を超える航行技術がある！

本稿では、これを科学的に考えてみたい。この問題はもちろん74年版にもあったが、ここでは科学的な理論が詳しく解説されている『２１９９』を元に検証してみよう。

◆光の速さの33万6千倍

大マゼラン銀河のイスカンダル星まで16万8千光年。往復では33万6千光年。

これは、光の速さで進んでも33万6千年かかる距離である。といわれても感覚的にはわかりづらい。いったいどれほどの距離なのだろうか。

現実世界の乗り物でも、一年もあればかなり遠くまで行ける。たとえば、時速２７０㎞の東海道新幹線が一年間走り続ければ、走破する距離は237万km。これは、地球から月までの3往復にあたる距離だ。

ところが同じ距離を、光はたったの7・9秒で進む。そして、それほど速い光でさえ、イスカンダルへの往復には33万6千年もかかるのだ。新幹線で往復しようものなら、1兆3千億年！

やっぱり感覚的にはわからない、あまりにも遠大な距離である。

これほどの距離を、ヤマトはわずか一年で往復しようというのだ。果たして可能なのだろうか？

まずは単純に考えてみよう。光の速度で33万6千年かかるなら、光の33万6千倍の速さで航行すれば、一年で往復できないだろうか。

残念ながらそうはいかない。アインシュタインの「特殊相対性理論」によれば、物体がどれだけ加速しても、光速を超えることはできないからだ。

だが、特殊相対論は、次のことも明らかにしている。「光速に近づくと、運動している物体の時間の進み方は遅くなる」。つまり、ヤマトが光速ギリギリまで加速すれば、ヤマト艦内の時間の進み方はとてつもなくゆっくりになる、ということだ。

計算してみると、光速の99・99999999956％で航行すれば、時間の進み方は33万6千分の1になり、ヤマトは一年で帰って来られることになる！　おお、すばらしい！

いやいや、すばらしくない。時間の進み方が遅くなるのはヤマトの艦内だけ。ヤマトの人々にとっては一年しか経たなくても、肝心の地球ではその間につつがなく33万6千年が経ってしまうのだ。ヤマトが帰ってくる頃には、人類はとっくに滅亡している！

このように宇宙の旅は光の速さが壁となるのである。

◆ワープ航法のしくみ

『2199』の世界でも、74年版でも、この問題が「ワープ」という、一瞬ではるか遠くまでいける技術によって解決されている。「次元波動エンジン」が可能にするこのワープとは、いったいどういう原理なのか。

劇中、技術科責任者の真田志郎は、次のように説明している。「ワームホールを人為的に発生させ、A点からB点へ跳躍する。ワームホールを形成・維持するための膨大なエネルギーは、真空のエネルギーを汲み上げる(要約)」。

ワームホールも、真空エネルギーも、現実に存在すると考えられているものだ。

まず、ワームホールとは、離れた2点をつなぐトンネルのようなもので、A点から入ると時間ゼロでB点へ出る。まるで「宇宙のどこでもドア」である。

また、真空のエネルギーとは、宇宙の膨張を加速させているエネルギーのことで、ダークエネルギーとも呼ばれる。宇宙は生まれたときから膨張を続けており、膨らむ速度はどんどん速くなっているのだ。

どちらも、そのものが発見されたわけではないが、それらがないとしたら説明のつかない現象が見つかっているため、まず実在するだろうと考えられている。

ただし、ワームホールは直径が原子の直径の10兆×1兆分の1しかなく、絶えず生成消滅している。これを大きくしたり維持したりするには膨大なエネルギーが必要になる。しかし次元波動エンジンなら、それを真空エネルギーから汲み出せる……と、真田さんは説明しているわけだ。

なるほど、これならば光速の問題を気にせずに、イスカンダルまで行けるだろう。

◆宇宙の旅は、急がば回れ

だが、この次元波動エンジンも万能ではない。一回のワープでイスカンダル星まで行けるわけではなく、ワープで飛べる距離にも限界があるのだ。また、一度ワープすると、しばらくワープはできない。この制限のなか、ヤマトは33万6千光年をどのように走破するのか？

連続ワープができない以上、ワープと通常航行を交互に繰り返しながら進むしかない。ワープ

は一瞬で終わるから、一年のほぼすべては通常航行に費やされることになる。

74年の『ヤマト』では、ヤマトの通常航行の速度は、光速の99％とされていた。『2199』のヤマトもこれと同じだとすると、通常航行で進める距離はわずか0・99光年！ 残る33万5999・01光年は、ワープで進むしかない、ということだ。つまり、ヤマトの旅はほとんどワープ頼りなのだ。

すると、あってもなくてもよさそうな通常航行だが、実はこの地道な歩みこそが、ヤマトの旅の成否を分ける。

前述したように、光速に近い速さで運動すると、時間の進み方が遅くなる。光速の99％で航行した場合、時間が進むペースは外の世界の7分の1だ。裏を返せば、ヤマトは一日しか通常航行していないつもりでも、地球の時間では7日も経っていることになる。つまり、地球の時間で一年以内に帰ってくるためには、ヤマトとしては52日で旅を終えなければならない！

これは忙しい。『2199』のテレビシリーズ全26話では、実に様々な事件が起きている。戦ったり、乗組員がさらわれたり、敵の捕虜と友情を深めたり、クーデターが起きたり、恋をしたり、子どもができたり……！　たった52日間で、そんなにいろいろやっているヒマがあるのか!?

すると、もっと急ぎたくなるのが人情だが、それは逆だ。スピードを上げると、使える時間はますます短くなる。このたびの旅においては、急げば急ぐほど、かえって時間がなくなるという不条理こそが真理なのだ。宇宙の旅は本当に厄介である。

いっそのことヤマトは、通常航行のときは、戦艦大和の最大速力と同じ時速51㎞くらいで進んではどうだろう。そうすると一年かかっても44万7千㎞しか進めないが、地球と同じ一年をまるまる使えることになる。通常航行ではどうせロクに進めないのだから、慌てなくてもいいって。

急ぐときほど、心に余裕を。日常生活も、そうでありたいなあ。

とっても気になるアニメの疑問

エイトマンとサイボーグ009。どっちが速く走れますか？

運動会の徒競走の目的は「人より速く走ること」である。あれはなぜ全員がやるんだろうなあ。オトナになったら、足の速さを競う機会というのは、ほとんどなくなるのだが。

などと足の遅かった筆者は思うのだが、アニメやマンガの世界には、足の速さを活かして活躍しているヒーローたちがたくさんいる。その先駆者が、エイトマンとサイボーグ009だろう。どちらも60年代に放映されたアニメの主人公である。エイトマンは「弾よりも速く」走り、009は「マッハ３」で走った。

そして驚くことに、この両者はそれぞれのアニメのオープニングで、０系新幹線と並んで走っ

ていた！　当時、東海道新幹線は「夢の超特急」と呼ばれ、速いものの代表だった。この二大ヒーローは、ともにこの新幹線と比べることで、足の速さをアピールしていたわけだ。

すると気になる。エイトマンとサイボーグ００９は、いったいどちらが速いのか？

改めて両番組のオープニングを確認してみると、００９が最後まで新幹線と並んで走るのに対し、エイトマンは最終的に抜き去っていた！　ということは、エイトマンのほうが速い？

いやいや、結論を急がず、ここではできるだけ科学的に比較してみよう。

◆新幹線と比べていいの？

エイトマンは、職務中に命を落とした東八郎刑事の記憶と人格が移植されたロボットだ。キャッチフレーズや主題歌では「走れエイトマン、弾よりも速く」と足の速さが高らかに歌われていた。この「弾より速い」とは、どれほどのスピードなのか。

調べてみると、ライフル弾はピストルの弾より速く、秒速６００ｍ台から９００ｍ台。「弾よりも速い」としたら、秒速１０００ｍで走れると考えていいだろう。

秒速１０００ｍとは、時速３６００㎞。これは猛烈なスピードだ。１００ｍ走のタイムは０秒１。

ウサイン・ボルトが出した１００ｍ走の世界記録は９・５８秒だから、その95・8倍も速い！

ここまで速く走れるヒーローが、新幹線を相手にスピードをアピールするのはいかがなものか。0系新幹線の運転速度は時速210㎞だった。エイトマンは時速3600㎞だから、その17倍も速いことになる。まるでウサイン・ボルトが、幼稚園児といっしょに走りながら、「速いね〜、すごいね〜」と褒めてあげるようなものだ。しかも最後には抜き去ってしまうのだから、まことに大人げない！

一方、サイボーグ009の俊足ぶりはどうか。

『サイボーグ009』は、体のほとんどを機械に置きかえられながら、人間の心を失わない9人のサイボーグたちが、悪の商人集団「黒い幽霊団」に立ち向かう物語だ。彼らのリーダーがサイボーグ009と呼ばれる島村ジョーで、奥歯に仕込まれた「加速装置」のスイッチを入れると、マッハ3で走ることができる。

マッハとは、音が伝わる速さの何倍かを表わす単位だ。マッハ1で音速と同じ速さ。マッハ2ならその2倍だ。音の速さは気温によって変わり、地球の平均気温に等しい15℃のとき、秒速340mである。

すると、マッハ3とは秒速1020m。うおっ、エイトマンの秒速1000mよりちょっとだけ速い！

００９の１００ｍ走のタイムは０秒０９８で、エイトマンとの違いはわずかに０・００２秒。足の速さで鳴らしてきた二大ヒーローは、モノスゴク競っていたということだ！

◆勝敗は場所によって変わる！

だが、エイトマンにとっては、差がわずかなだけに、悔しすぎる敗北だ。ぜひとも練習を重ねてリベンジを果たしたいと思うだろう。だが、彼はロボットなのだから、練習によって足が速くなるのかどうか……。

いや、よく考えれば、エイトマンにも勝機はある。

前述したように、音の速さは気温によって変化するからだ。００９の「マッハ３」が「音速の３倍」という定義に忠実ならば、そのスピードも気温によって変わることになる。人間の短距離走の選手も、気温が記録に影響するのだから、生身の体に機械を埋め込まれたサイボーグ００９も、走る速さが気温によって変わることもあるだろう。

音速は、気温が下がると遅くなる。すると、気温15℃のもとでは００９に惜しくも負けてしまうエイトマンも、もっと寒いところでは勝てるはずだ。

エイトマンが００９に勝利を収めるためには、マッハ３が秒速１０００ｍ以下、すなわち音速

が秒速３３３ｍ以下になる気温のもとで勝負すればよい。その気温とは３・５℃だ。うひょ～ッ、寒い！

北海道の旭川では、11月から３月まで、平均気温が３・５℃より低くなる。東京でも、１月と２月は最低気温がこれを下回る。一日のうち、気温が最も低いのは、太陽が昇る直前だ。

走れ、エイトマン！　冬の旭川か、真冬の夜明け前の東京なら、キミは００９に勝てるはず。まことに勝負というものは、どう転がるかわかりませんなあ。

とっても気になるキャラの疑問

不二家のペコちゃんはずっと舌を出していますが、乾きませんか？

言われるまでは気にも留めなかったのに、一度指摘されたら、もうそうとしか見られない！という経験はないだろうか。筆者にとっては、この質問がそうだった。

ペコちゃんは、1950年代から活躍している不二家のマスコットだ。筆者が生まれたときにはもうあのスタイルだったし、お菓子屋さんのマスコットなんだから「いつも唇の端から舌をペロッとはみ出させているぐらい、あたり前」と思っていた。

ところが「ペコちゃんはずっと舌を出していて、乾かないのでしょうか？」という質問をもらったとたん、筆者のペコちゃん観は一変。不二家の前を通るたびに、ペコちゃんが生身の存在で、

ずっと舌を出し続けているような気がして仕方がない。思わず「ペコちゃん、大丈夫か⁉」と声をかけそうになってしまった。

これはもう、科学的に考えてみるしかない。ペコちゃんは、ずっと舌を出していて大丈夫なのだろうか。

◆舌が乾燥するとコワイことになる

舌は筋肉でできている。だからこそ自在に動かせて、食べ物を飲み込んだり、言葉を話したり、アカンベーをしたりすることができるわけだ。

その構造上、舌は口の中にあるのが自然である。舌を出したままでは、うまくしゃべれないし、運動中にうっかり噛んでしまう恐れもある。失敗したときにペロッと舌を出すしぐさはかわいいが、あれは一瞬のことだからそう思うのであって、そのまま出し続けていたら、まわりの人に「具合でも悪いのか⁉」と心配されるだろう。ペコちゃんが舌を出しているのは見慣れた光景だが、よく考えると、人間がずっと舌を出していることは、きわめて珍しい現象なのだ。

長く舌を出し続けた場合、いちばん心配なのは、舌が乾燥することだ。そして、舌が乾くとは、唾液が不足することに他ならない。その場合、何が起こるかを調べてみた。

①唾液の殺菌作用が働かず、口の粘膜が炎症を起こす。
②口の中が酸性になり、虫歯や歯周病にかかりやすくなる。
③乾燥によって、粘膜がヒリヒリ痛み、会話や食事に支障をきたし、ひどければひび割れて出血する！

うひ〜。舌が乾燥すると、大変なことになるのだなあ。

特にペコちゃんの場合、③が心配だ。ペコちゃんが出しているのは舌の先だけだから、口の粘膜が乾く気づかいはないいし、虫歯や歯周病も大丈夫ではないかと思う。だが、舌の先がひび割れて出血するなど、想像しただけで痛そうだ。

ただし、唾液は、唾液腺という場所から出される。唾液腺はいろんな場所にあり、舌の先にもある。そこから出る唾液の量が充分なら、ペコちゃんの舌も、乾かなくてすむのではないだろうか。舌の先から出る唾液の量は、調べてもわからないので、実験してみるしかない。

◆さあ、実験してみよう

そこで、舌の先を出したままにしておいて、1分おきに砂糖を舐めてみた。

人間が「味」を感じるのは、舌に当てたものが唾液に溶けたときだ。また、舌の先端は主に甘みを感知する。つまり、この実験で甘さを感じなくなる瞬間があれば、そのとき舌は乾燥したといえるはずだ。

この実験、本来ならペコちゃんと条件を同じにするために、不二家の店先でやるべきである。それが科学の道というものだ。でも、それを本当にやったら警察に通報されるという絶対の確信があるので、仕事場で行うことにしました。

1分後、舌がスースーしてきたが、まだ甘さを感じる。

2分後、まだまだ感じる。

3分後、ありゃりゃ、舌の裏側と下唇の間から唾液があふれて出てきた。おそらく、甘さを感じたために、大脳が何かを食べ始めたと判断し、唾液を出す命令を出したのだろう。

4分後、唾液が顎まで垂れてきて気持ちが悪い。

5分後、いよいよデロデロヌルヌルとなり、もはや甘いかどうかなんて気にしていられない。

もうダメ限界、実験中止～！

唾液を拭き取ろうとティッシュを手に取り、気がついた。ティッシュは濡れると半透明になる。わざわざ砂糖など持ち出さなくても、ティッシュを舐めればよかったのだ。

ティッシュを舌に当てると、濡れた様子はない。擦りつけても、カサカサ乾いた音がするだけ。

おお、舌はやっぱり乾燥していた！

全国の皆さん、判明しました。舌の先から出る唾液はほんのわずかです。舌の先を出していると、5分以内に乾燥します。

え？　実験しなくても、なんとなくわかっていた？　まあ、そうかもしれませんね〜。

◆大丈夫か、ペコちゃん!?

だが、ペコちゃんは舌をずーっと外気にさらし続けている。それでもひび割れないとしたら、どんなメカニズムが働いているのだろうか。

筆者が考えつくのは「条件反射」しかない。犬に鈴を鳴らしてから餌を与えることを繰り返すと、犬は鈴の音を聞いただけで唾液を流すようになる。これは「鈴の音が聞こえる→餌にありつく」という経験を繰り返すうちに、鈴の音が聞こえたら必ず食事が始まると大脳が思い込むようになったために起こる現象だ。

人間も、梅干しやレモンを見たり、想像したりすると、自然に唾液が湧いてくる。これも条件反射だ。ペコちゃんも不二家の店頭でお菓子のことを熱心に想像し、唾液の分泌を促しているのではないだろうか。

と思ったが、もう一度よく調べてみると、条件反射が働くのは耳の横や、のどの近くや、顎にある唾液腺だけだという。つまり、ペコちゃんがいくらお菓子のことを夢想しても、舌の先にある唾液腺は反応しないのだ。するともう、あのかわいい舌の乾燥を防ぐ術はないってこと!?

こうなると、ペコちゃんの健康が心配である。筆者は彼女にそっと告げたい。誰も見ていないとき、舌をペロッと口の中に入れたほうがいいんじゃないかな〜。

とっても気になる特撮の疑問

ツインテールはエビの味？怪獣にも「食物連鎖」はありますか？

１９７１年に放送された『帰ってきたウルトラマン』の第５・６話に、ツインテールという怪獣が登場した。

地面に顎をつけ、尻尾をシャチホコのように上げて歩く斬新な怪獣だが、それにも増して印象的だったのは、多くの怪獣図鑑に載っていたこんな記述だ。

「生まれたてのツインテールは、エビのような味でとてもおいしく、グドンの大好物だ」

怪獣がエビの味!?　当時は怪獣ブームの真っただ中で、ゴジラや初代ウルトラマンから数えると１００匹を超える怪獣が登場していたが、味について書いてあるのを見たのは初めてだった。

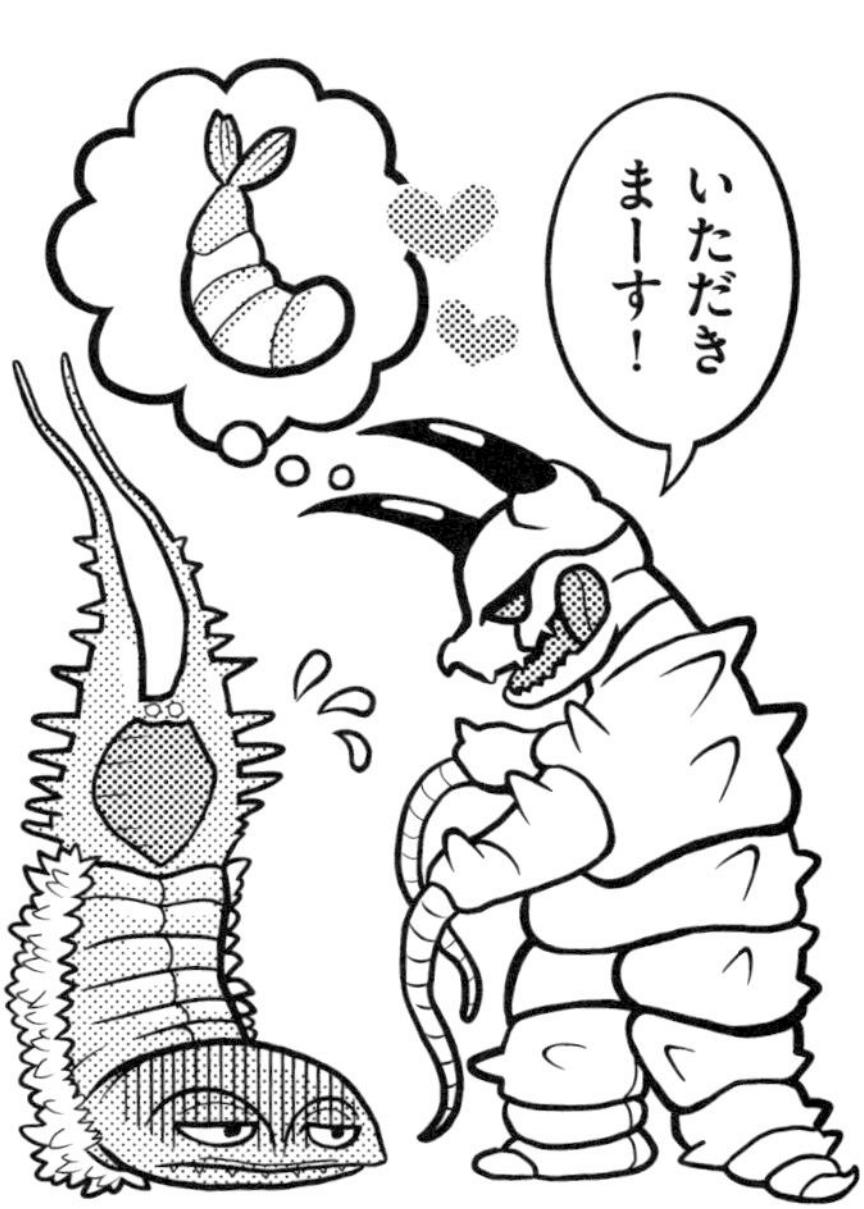

筆者はエビが大好きだ。エビのような味ということは、ツインテールも相当うまいのだろう。しかも、味が判明しているということは、誰かが食ってみたはずだ。しかも、エビの味がするのは「生まれたて」に限ることまで明記されているのだから、その人は成熟したツインテールにもかぶりついたに違いない。ツインテールは身長が45mもある大怪獣なのに。筆者はその人物を心から尊敬する。

◆ウルトラマンは何がしたいの？

ツインテールが登場したのは、こんな物語だった。

西新宿の工事現場(現在の新宿新都心)で発見された卵から、怪獣ツインテールが孵化し、暴れ始める。次いでグドンも出現し、二大怪獣は激しく戦う。

正義のチーム・MATが文献を調べると「グドンはツインテールを常食する」という記述が見つかった。なんと、この戦いは単なる怪獣同士のケンカではなく、グドンによる「狩り」にツインテールが必死で抵抗しているシーンだったのだ！

生物同士の「食う・食われる」の関係を食物連鎖という。怪獣も生物である以上、食物連鎖の輪のなかにいて当然だ。それを正面から描くとは、なんと科学的な番組だろう！

感心しながら見ていると、えっ!?と驚くシーンが現出した。グドンとツインテールが戦っているところに、ウルトラマンが登場。両者の戦いに加わったのだ。

なんてことするんだ、ウルトラマン！　それは、ライオンがシマウマを襲っているところに、割って入るようなもの。そんなことをしたら、グドンは妙な野郎が餌を横取りしにきたと怒るだろうし、ツインテールも敵が二匹に増えてしまったと焦るだろう。と思っていたら、案の定ウルトラマンは二匹に攻撃されて大ピンチ。当然だよ〜。

幸い、グドンがツインテールを倒し、敵が一匹になったおかげで、ウルトラマンは何とか勝つことができた。しかし、両者は食う・食われるの関係にあるのだから、放っておいても、いずれは一匹になるのである。そうなってから出ていけば、満腹で闘争心も鈍ったグドンだけを相手にラクな戦いができたはず。どう考えても、出ていくのが早すぎるんだよ、ウルトラマン！

◆グドンを一匹見かけたら……

では、ウルトラマンが邪魔しなかったら、両者のあいだにはどんな食物連鎖が成り立っていたのだろう？

問題の焦点は、食われるほうのツインテールの数である。一匹の動物が、一生のうちに一匹の餌しか食べないことはありえないから、食われるほうは食うほうより圧倒的に多くなければならない。一匹のグドンがいるとき、ツインテールは何匹いるのか？

グドンの体重は２万５千ｔ。ライオンの食事量から計算すると、一日にグドンが食べるツインテールの肉は52ｔになる。ツインテールの体重は1万５千ｔだから、単純に計算すれば、ツインテール一頭はグドンの２９０日分の餌となるわけだ。

だが、ここで重要なことを思い出そう。そう、ツインテールはエビの味！　ということは、その体を作るタンパク質も、エビと同じように腐りやすいと考えられる。賞味期限はせいぜい３日くらいか!?

グドンは、ツインテールを倒したら、新鮮なうちに食い溜めする必要がある。再びライオンのデータから計算すると、グドンが３日間で食い溜めできるツインテールの肉は、最大で77日分である。

一方、これもライオンから計算すると、体重1万５千ｔの動物は、生殖可能になるまで53年を要すると見られる。すると、77日に一匹のペースで食われても絶滅しないためには、最低でも２５０匹のツインテールが必要になる。

つまり、グドンを一匹見かけたら、２５０匹のツインテールがいることを覚悟せねばならない、ということだ。うっひょ〜っ。

◆ツインテールは何を食べる？

これだけの数となると、心配である。食われる側のツインテールも、何かを食べているはずだ。いったい、何を食べるのか。

ツインテールは、尾を振り上げ、アゴで地面を這い回る。その口の大きさは、上下1・5mほどだ。口にはワニのような鋭い歯が並んでいるから、明らかに肉食動物である。すると、この怪獣が捕食するのは、地上で生活する体高1・5mほどの動物……。えっ、まさか、人間!?

なんと、グドンとツインテールの食物連鎖を他人事のように分析してきたが、その食物連鎖において、われわれ人間はツインテールの下に位置していたのだ！

これは認識を改めなければ。われわれは食物連鎖というと、なんとなく食べられる側がカワイソウ、という気持ちになる。だが、そのまた下に人間がいるとなれば、話は逆だ。人間にとってグドンは、害獣・ツインテールを食べてくれる大益獣。ぜひ盛大にツインテールを召し上がってください。ウルトラマンも、グドンの邪魔をするなど言語道断。ツインテールを捕まえてきてグドンにプレゼントするなど、せっせと働いていただきたい。

なのにウルトラマンは、大自然が使わした人類の守り神・グドン様を倒してしまった。なんてコトしてくれたんだ、ウルトラマン！

しかも、劇中でグドンが倒したツインテールは、250匹いると考えられるうち、たったの一匹である。グドン亡きいま、ツインテールはドンドン増える。そして人間はドンドン食われる……。

うわ～っ。この物語、この後どうなったんだろうなあ？　描かれなかった「その後」が気になって仕方がない『帰ってきたウルトラマン』の第5・6話である。

とっても気になる昔話の疑問

『ウサギとカメ』のウサギは、どれほど寝たのですか？

『ウサギとカメ』は、とっても有名なイソップ童話だ。知らない人はいないと思うが、念のためにあらすじを書くと、それはこんなお話。

ウサギがカメの足の遅さをからかった。怒ったカメは競走を申し込む。ウサギはたちまちカメを引き離すが、安心して寝てしまい、休まず歩き続けたカメが勝利する——。

自分の才能に慢心して油断することの愚かさと、たとえ能力は低くてもコツコツ努力することの大切さ。この表裏一体の教訓を、ウサギとカメに寓して教えるお話だ。

その教訓には筆者も賛成するが、勝負の結果には、まったく納得がいかない。いくら油断した

といっても、ウサギがカメに負けるなんてことがあるかなあ？

調べてみると、ウサギが走る速さは時速72km。ウマと同じだ。速い！

カメが歩く速度は、時速0・32km。100mを歩くのに19分もかかってしまう。遅い！

ウサギの速さがカメの何倍かを計算してみると、なんと225倍である。カメを時速4kmで歩く人間にたとえるなら、ウサギは時速900km。このスピードはジェット旅客機と同じだ。

これは勝負にならない。いくら腹が立ったとはいえ、カメも無謀な勝負を挑んだものである。

ところが、負けたのはウサギであった。これほどまでに絶対優位のレースを、勝負の途中で寝るという、あってはならない失態で落としてしまったとは、何たる体たらく。いったいどれだけ寝れば、225倍も遅い相手に敗北するというのか。

◆ウサギが不利なレースだった⁉

そもそもこのウサギ、何ウサギだったのだろう？

ウサギにもいろいろな種類がいるが、われわれが普通に「ウサギ」と呼んでいるのは、ウサギ目ウサギ亜科の哺乳類だ。ウサギ亜科には、単独行動するノウサギと、集団行動するアナウサギがいる。

勝負の最中にぐうぐう寝ているウサギを「何やってんだ、起きろ！」と叱咤してくれる仲間がいなかったということは、このウサギは間違いなく単独行動タイプのノウサギであろう。

そこでノウサギの特徴を調べると……えっ、夜行性!? 昼間は木の根元や茂みで休む？

イソップ童話を読んで育った世界中の皆さん、認識を改めましょー。

筆者も、レース中に寝たこのウサギを「自己を過信したダメなウサギ」と思っていたが、そうではない。絵本を3冊買ってきて確認したところ、レースが昼間に行われたことは明らかだ。それは、本来ならウサギが寝ている時間帯！ もし人間の運動会が夜中の2時に始まったら、とても実力を発揮できず、なかには寝ちゃう人も出てくるだろう。夜行性のノウサギが昼間に行われたレースで寝るのは、むしろ当然だったのである。

これに対して、カメは体温を調節できない変温動物だ。このタイプの動物は、気温が下がると体温も下がり、自動的に寝てしまう。そのため夜はじっとしていて、気温の高い昼間に行動する。昼間こそ、カメが本領を発揮できる時間帯なのだ。

なんと、レースが昼間に行われることが決まった時点で、カメは優位に立っていたということだ。無謀な勝負を挑んだのは、意外にもウサギのほうだった……！

◆6時間を超える大レース！

　では、ウサギは具体的にどのくらいの時間、眠ったのか。それを明らかにするには、レースの距離を知る必要がある。

　筆者が読んだ3冊の絵本は、競走のコースを次のように述べている。

「あの山の上まで」

「むこうのお山のてっぺんまで」

「おかの上の一本杉がゴールだよ」

　これらの表現から、ゴールは「やや遠くに見える山の頂上」

と考えていいだろう。そして、山の登り口まで１km、山道も１kmと仮定すると、レースの距離は合計２kmとなる。

時速０・３２kmで歩くカメは、これを進むのに６時間15分かかる。カメにとっては苛酷なレースだが、カメのことだから実直に歩き続けたのだろう。

そのカメが勝利を収めたということは、このレースは６時間15分で決着したと考えられる。東京マラソンの平均タイムが４時間40分というから、それを上回る大レースだったのだ。

では、６時間15分のうち、ウサギはどれほど眠ったのか。

時速72kmの駿足を誇るウサギは、カメが６時間15分かかる距離を、わずか１分40秒で駆け抜ける。それでも負けたということは、６時間13分20秒を超えて寝たということだ。長い！

その一方で、睡眠時間が６時間15分を超えたとは考えられない。どの絵本でも、目覚めたウサギは、カメがゴールした瞬間やゴール直前に迫った姿を目撃しているからだ。つまりウサギが寝た時間は、６時間13分20秒から６時間15分のあいだということになる。

◆あとちょっとだったのに！

かなり絞られてきたが、まだまだ絞り込める。ウサギは、カメのゴールする瞬間を目撃している。これは、ウサギが、ゴールのかなり近くで寝ていたということだ。

ウサギは、聴覚と嗅覚は鋭いが、視覚は弱い。人間の視力に置きかえれば０・０５ぐらいだという。この視力では、カメの甲羅の直径を15㎝としたとき、ギリギリ見える距離は25ｍ。なんとウサギは、ゴールの手前25ｍ以内で寝ていたことになる。

これは、ウサギの足なら１・２５秒で走れる距離。つまり、ウサギは、あと１・２５秒走ればゴールというところで寝てしまったのだ。なぜ、その１・２５秒が頑張れない!?

以上から考えると、ウサギが寝ていた時間は「６時間14分58秒７５以上、６時間15分未満」。これが筆者の結論だ。

それにしても、６時間以上とは、明らかに寝すぎである。ウサギの睡眠時間は８時間というデータがあるが、これは家畜化されてきたカイウサギが一日に眠る時間の合計だ。ウサギは食われる立場の草食動物だから、眠りが浅く、途中で何度も目を覚ます。野生のものはなおさらだろう。

しかし、このウサギは連続６時間以上も大爆睡！　今日まで生きてこられたのが不思議なくらいだ。

ああ、最初に１分40秒だけ頑張って２㎞を走り抜き、ゴールしてから心ゆくまで眠ればよかったのに……。わかっていてもできないのが、夜行性動物の性なのかなあ。

本書は『ジュニア空想科学読本②』（角川つばさ文庫／二〇一四年六月刊）を加筆・修正してかき下ろしを加え、単行本化したものです。

また、本書では、計算結果を必要に応じて四捨五入して表示しています。したがって、読者の皆さんが、本文に示された数値と方法で計算しても、まったく同じ結果にはならない場合があります。間違いではありませんので、ご了承ください。

『ジュニ空』読者のための

やってみよう！空想科学のプチ実験！

　マンガやアニメや特撮番組などについて、いろいろな疑問を持つのは面白い。学校で習ったことを活かして、計算してみると、さらに楽しい。

　もう一つ、実験をしてみるのもオススメだ。実験といっても、本格的な実験設備や長い時間がかかるものに挑戦する必要はない。アイデアと工夫次第では、設備も時間も少なくて済む実験がいろいろできる。

　ここでは、僕がオススメする空想科学のプチ実験をいくつか紹介しよう。ぜひ自分でやってみてほしい。

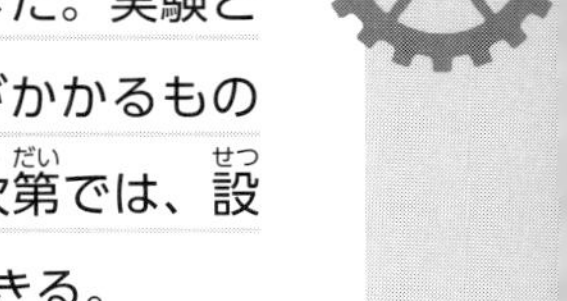

実験①

戦隊は誰がいちばん暑いか？

スーパー戦隊シリーズでは、色とりどりのコスチュームを着た複数のヒーローたちが戦っている。

正義のために炎天下でも戦っているが、彼らの色違いのコスチュームは、熱の吸収の仕方も違うのではないだろうか。いちばん暑いのは誰か、実験で探ってみよう。

準備するもの

試験管5本／試験管立て／温度計5本／赤・青・黄・白・桃色の色画用紙（色紙は光を通すので、色画用紙を使う）／セロハンテープ／ティッシュペーパー

実験の準備

❶試験管に色画用紙を巻き、端をテープで止める。事前に画用紙の端にテープを貼っておくと、作業しやすい。

❷色画用紙を巻いた試験管を試験管立てに立てる。イラストのように顔をつけると、ぐっと親近感がわいてくるよ。

実験にかかる時間

この実験は、一日でできる。ただし、ヒーローたちの苦労を実感するためにも、できるだけ日差しの強い日に実験したい。夏休みの自由研究にもオススメの実験だ。

実験の進め方

❶ティッシュを3回折って、温度計に巻きつける。

❷それを試験管に差し込む。ティッシュでふたをするようなカタチになるが、これは試験管内の温まった空気が逃げないようにするため。

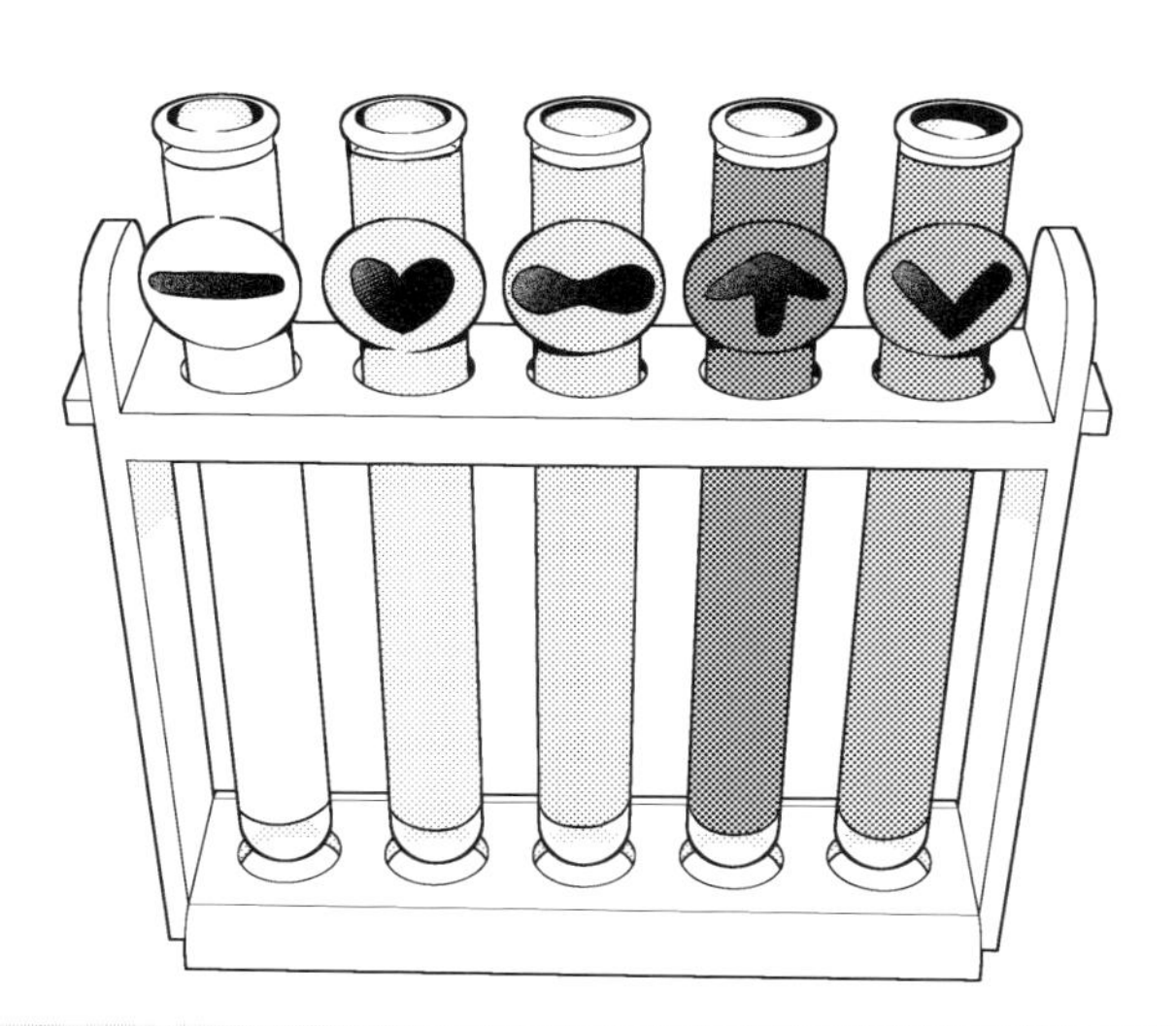

❸さあ、実験開始。試験管立てを、日当りのいい場所に置こう。試験管の影が真後ろにできるところに置くのがポイントだ。どの色がいちばん温度が上がるかな？

❹時間を計りながら、それぞれの温度計が、1分後、2分後、3分後……に、何度になるか記録していこう。

僕が20分ほど観察したところ、ある色は40℃を超えたけど、ある色は37℃に届かなかった。また、涼し気なイメージのある色が、かなり暑いこともわかった。それがどの色かは、ぜひ自分で実験して確かめてほしい。

スーパー戦隊には、他にも緑や黒など、さまざまな色のヒーローたちが登場する。他の色でも実験しよう。

時間によって温度がどう変化したか、折れ線グラフにすると、結果がわかりやすいよ。

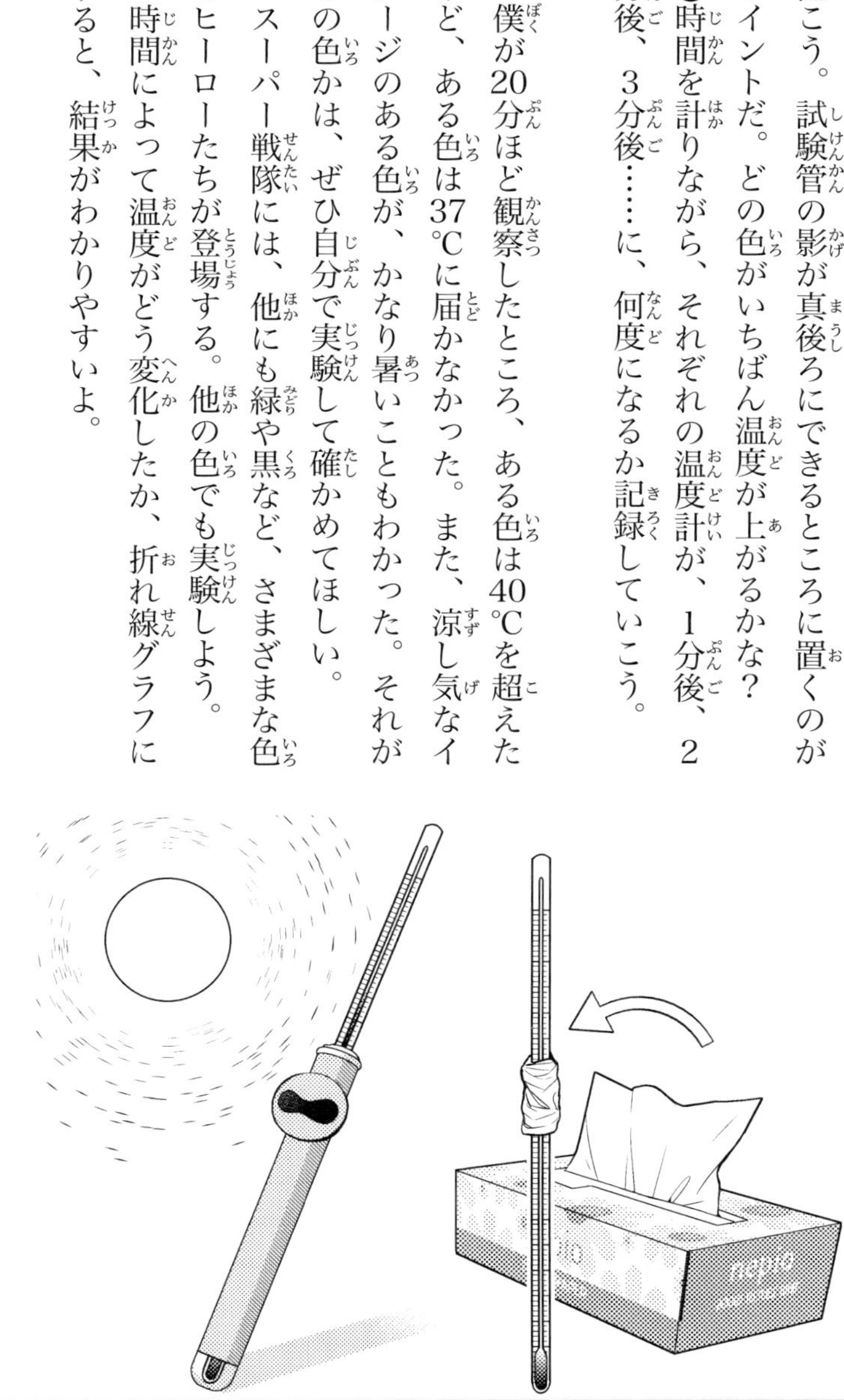

実験②

スライムを作ってみよう！

「スライム」は『ドラゴンクエスト』などいろいろなRPGゲームに登場する。もともとは、ドロドロした液体状の物質のことで、手でつかむと自分の重さでゆっくり垂れ落ちるなど、とても面白い。1970年代に玩具として発売され、大ブームになった。

ここでは、それに近いスライムを自分で作ってみよう。

準備するもの

洗濯糊（PVAと書いてあるもの）／ホウ砂（薬局かネット販売で）／プラスチックの使い捨てコップ2個（コップA、コップBと名づける）／割り箸／小型の使い捨てスプーン1本／プラスチックのボウル／計量カップ／絵の具

実験の準備

コップAに、ホウ砂をスプーンで1杯分入れ、50mLのぬるま湯を注いで、同じスプーンで100回ぐらいかき混ぜて「ホウ砂水溶液」を作る。

(注意)ホウ砂は人間の体に有害だ。小さな子どもと実験するときは、口に入れないように注意しよう。

実験にかかる時間

一回で成功すれば10分。でも失敗してもあきらめず、粘り強く取り組もう。そう、スライムのように!

実験の進め方

❶コップBに水を100mL入れて、好きな色の絵の具を少し溶かし、ボウルに開ける。

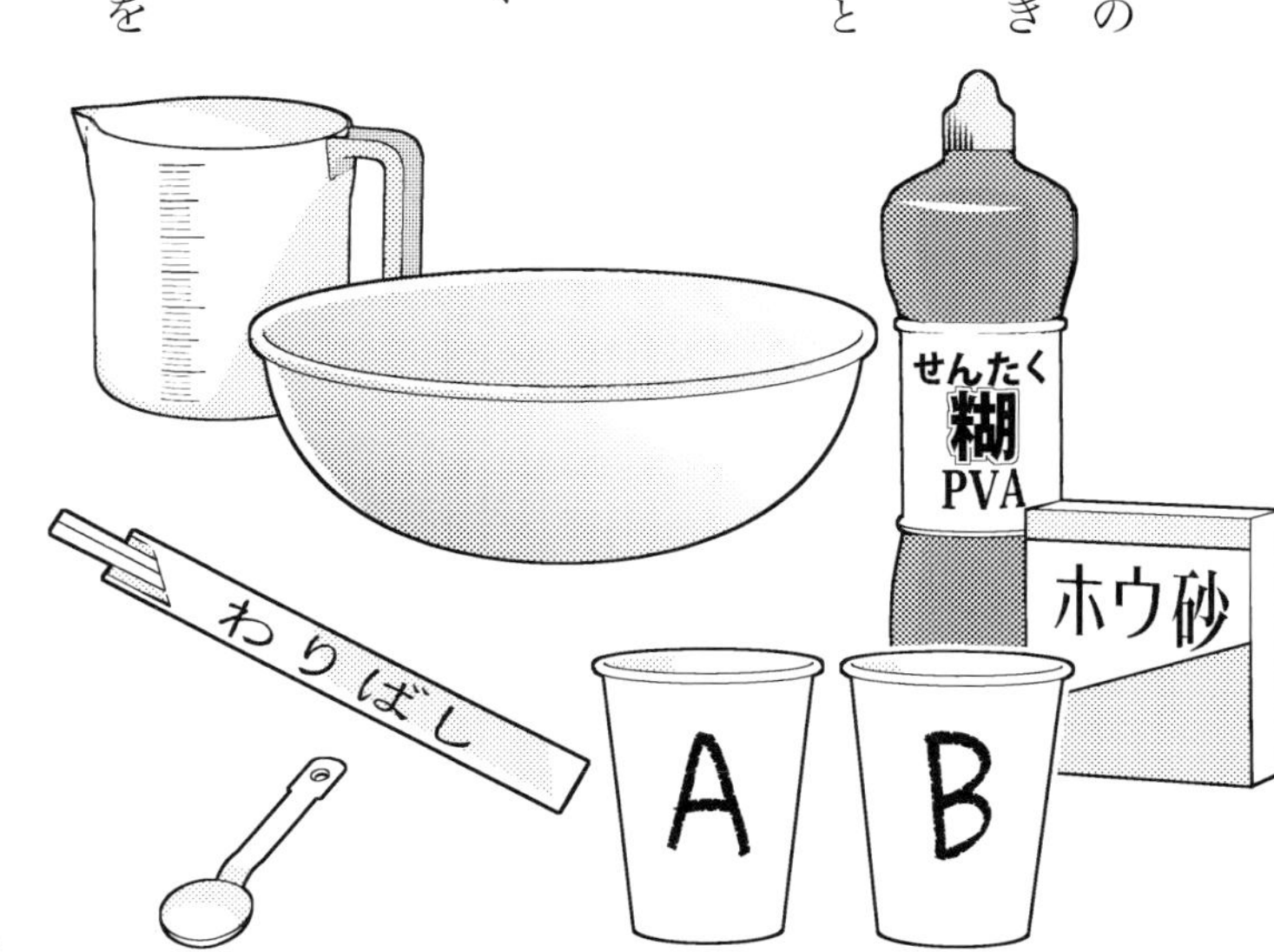

❷水と同じ量の洗濯糊をコップBに入れて、ボウルに開け、割り箸で100回ぐらい混ぜる。

❸ボウルにホウ砂水溶液をスプーンに1杯入れて、割り箸で100回ほどかき回す。箸にネバネバがつく。

❹これを繰り返す（2〜5回）。箸についたネバネバが大きくなってきたら、泡を立てないように気をつけながら、全体が一つにまとまるまでかき回す。これでスライムの完成だ。

この実験のポイントは、ホウ砂水溶液の量だ。多すぎると固まって、伸びずにちぎれてしまう。

絵の具の代わりに砂鉄（ネット販売で）を一つまみ入れると、キラキラ光るメタルスライムになる。磁石を近づけると、ニューーッと伸びてきてオモシロイよ。

柳田理科雄／著
1961年鹿児島県種子島生まれ。東京大学中退。学習塾の講師を経て、96年『空想科学読本』を上梓。99年、空想科学研究所を設立し、マンガやアニメや特撮などの世界を科学的に研究する試みを続けている。明治大学理工学部非常勤講師も務める。

藤嶋マル／絵
1983年秋田県生まれ。イラストレーター、マンガ家として活躍中。

永地／絵
(『ジュニ空』読者のための「やってみよう！　空想科学のプチ実験！」)
イラストレーター、マンガ家として活躍中。作画を担当したマンガ作品に『Yの箱舟』などがある。

愛蔵版

ジュニア空想科学読本②

著　柳田理科雄
絵　藤嶋マル

2017年1月　初版1刷発行
2021年7月　初版4刷発行

発行者　小安宏幸
発　行　株式会社汐文社
〒102-0071　東京都千代田区富士見 1-6-1
富士見ビル1F
TEL03-6862-5200 FAX03-6862-5202
印　刷　大日本印刷株式会社
製　本　大日本印刷株式会社
装　丁　ムシカゴグラフィクス

ISBN978-4-8113-2347-3　C8340　　N.D.C.400